kosmos Taschenatlas

kosmos Taschenatlas

Klaus Hausmann/David J. Patterson

Taschenatlas der Einzeller

Protisten.
Arten und mikroskopische Anatomie. Mit 121 Farbfotos

Kosmos
Gesellschaft der Naturfreunde
Franckh'sche Verlagshandlung
Stuttgart

121 Farbfotos von J. Fahrni (2), K. Hausmann (39), W. Herth (1), N. Hülsmann (4), M. P. Kage (9), M. Mulisch (2), D. J. Patterson (63) und R. Röttger (1)
Textzeichnungen von Erika Hausmann
Umschlaggestaltung von Kaselow Design, München, unter Verwendung einer Aufnahme von Klaus Hausmann. Das Bild zeigt ein Paramecium, das mit Tusche (braune Nahrungsvakuolen) und Karmin (rote Nahrungsvakuolen) gefüttert wurde.

Holländische Ausgabe: W. J. Thieme, Zutphen/Niederlande

CIP-Kurztitelaufnahme der Deutschen Bibliothek

Hausmann, Klaus:
Taschenatlas der Einzeller : Protisten, Arten u.
mikroskop. Anatomie / Klaus Hausmann ; David J.
Patterson. – 2. Aufl. – Stuttgart : Franckh, 1987.
(Kosmos-Taschenatlas)
ISBN 3-440-05184-6

NE: Patterson, David J.:; HST

Prof. Dr. K. Hausmann, Institut für Allgemeine Zoologie, Arbeitsgruppe Protozoologie, Freie Universität Berlin, Königin-Luise-Straße 1–3, 1000 Berlin-Dahlem 33, BRD.

und

Dr. David J. Patterson, Department of Zoology, University of Bristol,
Bristol BS8 1UG, England

2. Auflage
Franckh'sche Verlagshandlung, W. Keller & Co., Stuttgart / 1987

Printed in Italy / Imprimé en Italie / L 14 H hc / ISBN 3-440-05184-6
Satz: G. Müller, Heilbronn
Herstellung: Grafiche Muzzio, Padua (Italien)

Taschenatlas der Einzeller

Vorwort

Die Protozoen mit ihren über 30000 rezenten Arten bieten dem Naturfreund ein faszinierendes Schauspiel an Mannigfaltigkeit. So können wir unter günstigen Bedingungen in einem Wassertropfen eine größere Artenvielfalt vorfinden als jemand, der an Säugetieren interessiert ist und, um möglichst viele Arten kennenzulernen, eine Weltreise unternimmt. Trotzdem finden die Protozoen nicht die Beachtung, die sie eigentlich verdienen. Denn, um diese winzigen Organismen wahrnehmen zu können, braucht man Mikroskope, Instrumente, die nur relativ wenige Leute ihr eigen nennen. Und selbst dann ist es schwierig genug, die Lebewesen, die man zu Gesicht bekommt, halbwegs richtig einzuordnen, zu klassifizieren. Wir hoffen, daß dieses Buch dabei eine Hilfe sein wird und daß es darüber hinaus die Einzeller einem größeren Publikum bekannt machen wird.
Als wir dieses Buch konzipierten, haben wir uns nicht nur auf die Protozoen schlechthin beschränkt, sondern wir haben auch einen Teil anderer Mikroorganismen wie beispielsweise Bakterien und Algen mit eingeschlossen, die man normalerweise zusammen mit Protozoen findet. Wir haben uns fernerhin auf solche Einzeller konzentriert, die, wie wir denken, ohne große Schwierigkeit von jedermann gefunden werden können. So haben neben einigen weitverbreiteten parasitischen Formen hauptsächlich freilebende Arten Beachtung gefunden, und hier dominieren über einige wenige, charakteristische Meeresformen ganz deutlich die Süßwasserorganismen. Darüber hinaus war es unser Bestreben, die Breite der Formenvielfalt so gut wie möglich zu illustrieren. Da wir der Ansicht sind, daß der Mikroskopiker in der Regel lebendes Material untersucht, sind in diesem Buch bis auf ganz wenige notwendige Ausnahmen nur lebende Organismen abgebildet.
Wir möchten einer Reihe von Personen und Institutionen unseren Dank aussprechen, die uns bei der Realisierung dieses Buches geholfen haben. Allen vorweg gilt unser Dank Herrn Dr. D. KRAUTER, Franckh'sche Verlagshandlung, Stuttgart, ohne den dieses Buch nicht erschienen wäre. Unsere Kollegen und Freunde J. FAHRNI, Genf, W. HERTH, Heidelberg, N. HÜLSMANN, Bochum, M. KAGE, Schloß Weißenstein, M. MULISCH, Heidelberg, und R. RÖTTGER, Kiel, stellten uns freundlicherweise Bildmaterial zur Verfügung. D. J. PATTERSON ist der Royal Society of London und dem British Council wegen Reisebeihilfen zu Dank verpflichtet, durch die dieses kooperative Unternehmen erst ermöglicht wurde.
Es mag von Interesse sein, daß nahezu alle Aufnahmen mit Zeiss-Mikroskopen (Standard 18 und IM 35), die mit Phasenkontrast und Differential-Interferenz-Kontrast (nach NOMARSKI) ausgestattet waren, hergestellt wurden. Durchweg wurde mit Elektronenblitzen fotografiert, die an Olympus OM 2 und OM 2n Kameras adaptiert waren.
Last, but not least, danken wir allen unseren kleinen Freunden, die es zwar oft genug durch ihre Widerborstigkeit versuchten, das Erscheinen dieses Buches zu verhindern, es jedoch letztendlich nicht geschafft haben.

Heidelberg/Berlin — *K. Hausmann*
Bristol — *D. J. Patterson*

Einleitung

Traditionsgemäß versteht man unter Protozoen Tiere, die, wie die Metazoen, zur Fortbewegung befähigt sind und große Nahrungspartikel aufnehmen können, aber aus nur einer Zelle bestehen. Diese Tiergruppe schließt viele Organismen mit ein, die für die Menschheit von großer Bedeutung sind. Erwähnt seien stellvertretend für viele einerseits die Erreger von Schlafkrankheit und Malaria und andererseits die Protisten, die bei bestimmten Insekten (z. B. Termiten und Schaben) und bei Wiederkäuern mithelfen, das aufgenommene pflanzliche Material abzubauen.
1977 schätzte man die Zahl aller bis zu diesem Zeitpunkt beschriebenen Arten auf über 65000, von denen ca. 50% fossile und an die 10000 parasitische Formen darstellen. Der Rest sind die freilebenden Protozoen, die den größten Teil dieses Buches einnehmen.
In neuester Zeit ist eine Wende in der bislang traditionellen Klassifizierung der Protozoen eingetreten. Anstelle des Stammes „Protozoa" nennt die neueste Systematik, die 1980 von dem höchsten übergeordneten Gremium der Protistenforscher, nämlich von der Society of Protozoologists, USA, bestätigt wurde, 7 eigenständige Stämme, und der Terminus Protozoa existiert nicht mehr. Zukünftig wird er wohl durch „Protista" ersetzt werden. Neben einem neuen Verständnis der Verwandtschaftsverhältnisse der einzelligen Organismen untereinander (polyphyletischer statt monophyletischer Ursprung) reflektiert diese Einteilung eine weitere Änderung. Anstatt die einzelligen Organismen beispielsweise in Algen, Schleimpilze und Protozoen zu unterteilen, strebt man eher eine Integration aller Einzeller an.

Es ist klar, daß dieses neue Verständnis der Einzeller einerseits zahlreiche, bislang noch ungelöste Probleme in sich birgt, andererseits aber insofern einen Schritt nach vorne bedeutet, als die vornehmlich mit Hilfe der Elektronenmikroskopie gewonnenen Erkenntnisse der letzten 20 Jahre hierin ihren Niederschlag gefunden haben.
Eine Kurzform der neuen Systematik ist im folgenden zusammengestellt (nach LEVINE, M. D., et al.: J. Protozool. *27*, 37–58 (1980)

1. Stamm Sarcomastigophora	Amöben und Flagellaten
Unterstamm Mastigophora	Flagellaten
Klasse Phytomastigophorea	Photosynthetisch aktive Flagellaten; z. B. Eugleniden und Dinoflagellaten
Klasse Zoomastigophorea	Farblose Flagellaten; z. B. Choanoflagellaten und Trypanosomen
Unterstamm Opalinata	Parasitische Formen; z. B. *Opalina*
Unterstamm Sarcodina	Amöben und Schleimpilze
Überklasse Rhizopoda	Amöben ohne Skelettelemente in den Pseudopodien
Klasse Lobosea	Amöben mit rundlichen Pseudopodien, Arten mit und ohne Gehäuse; z. B. *Amoeba*
Klasse Filosea	Amöben mit fadenförmigen, oft verzweigten Pseudopodien, Arten mit und ohne Gehäuse; z. B. *Vampyrella*
Klasse Granuloreticulosea	Feine, granulierte Pseudopodien mit Anastomosen; Foraminiferen
Überklasse Actinopoda	Amöben mit organischen Versteifungselementen in den Pseudopodien
Klasse Acantharea	Skelett aus Strontiumsulfat; ein Typ der Radiolarien
Klasse Polycystinea	Skelett aus Kieselsäure; ein Typ der Radiolarien
Klasse Phaeodarea	Skelett aus Kieselsäure und organischem Material; ein Typ der Radiolarien
Klasse Heliozoea	Meist ohne Skelett; wenn vorhanden, dann aus Kieselsäure oder organischem Material; z. B. *Actinophrys*
2. Stamm Labyrinthomorpha	Spindel- oder kugelförmige, nicht amöboid bewegliche Organismen in einem Schlauchwerk; z. B. *Labyrinthula*
3. Stamm Apicomplexa	Sporozoen mit komplexen Apicalstrukturen; Gregarinen und Coccidien
4. Stamm Microspora	Einzellige Sporozoen mit Extrusionsapparat; z. B. *Nosema*
5. Stamm Ascetospora	Möglicherweise vielzellige Sporozoen; z. B. *Haplosporidium*
6. Stamm Myxozoa	Sporozoen vielzelligen Ursprungs mit 1, 2 oder 3 Schalen; z. B. *Myxobolus*
7. Stamm Ciliophora = Klasse Ciliata	Ciliaten
(Hier halten wir uns im Interesse des Lesers an die althergebrachte Systematik, die sich in erster Linie an der Körperciliatur orientiert.)	
Ordnung Holotricha (mit 7 Unterordnungen)	Körper allseitig bewimpert; z. B. *Paramecium*
Ordnung Peritricha (mit 1 Unterordnung)	Zwei in links gewundener Spirale verlaufende Wimperreihen führen zum Cytostom; z. B. *Vorticella*
Ordnung Spirotricha (mit 6 Unterordnungen)	Ein Membranellenband führt in Rechtswindung zum Cytostom; z. B. *Stentor*
Ordnung Suctoria (mit 1 Unterordnung)	Sessile, cilienlose Räuber mit Freßtentakeln; Schwärmer bewimpert; z. B. *Dendrocometes*

Die neue Systematik nennt anstelle dessen die 3 Klassen Kinetofragminophorea (mit 4 Unterklassen), Oligohymenophorea (mit 2 Unterklassen) und Polyhymenophorea (mit 1 Unterklasse). Diese Systematik basiert primär auf der Ausgestaltung des Oralapparates, eine Untergliederung, die nicht widerspruchslos akzeptiert worden ist und in Zukunft einigen Änderungen unterworfen sein dürfte.
Dieses Buch konzentriert sich ganz offensichtlich auf die freilebenden Protisten des Süßwassers. Das geschah deshalb, weil diese am eingehendsten untersucht wurden und normalerweise am leichtesten zu finden und zu kultivieren sind. Obgleich die neue Klassifizierung die große Verschiedenheit unter den Einzellern zeigt, können wir immer noch die freilebenden Protisten in drei große Gruppen einteilen:
1. Flagellaten mit einer relativ geringen Anzahl von verhältnismäßig langen, oft schwer erkennbaren Geißeln.
2. Ciliaten mit relativ zahlreichen, verhältnismäßig kurzen Wimpern.
3. Amöben mit häufig die Gestalt und die Bewegungsrichtung wechselnden Pseudopodien.

Die Flagellaten sind relativ klein, die Amöben normalerweise recht langsam und die Ciliaten verhältnismäßig groß sowie sehr aktiv.
Nahezu alle feuchten und wäßrigen Habitate beherbergen Einzeller. So können wir in Böden, Tümpeln, Gräben und Pfützen genauso wie in Schneewehen oder heißen Quellen Einzeller finden. Jeder langsam fließende Bach und jedes stehende Gewässer, das grünlich oder bräunlich gefärbt ist, enthält normalerweise eine sehr große Anzahl von photosynthetisch aktiven Einzellern und solche Organismen, die sich von diesen ernähren. Unter derartigen Bedingungen (Algenblüte) treten meist jedoch nur wenige Arten auf. Auf dem Boden von Tümpeln und Gräben hingegen, in denen sich pflanzliches Material zersetzt, findet sich die Grundlage für Bakterienwachstum. Und dieses wiederum ist die Nahrungsgrundlage für viele bakterienfressende Protisten.
Um Einzeller zu sammeln, benötigen wir gereinigte Glasgefäße (Marmeladengläser, Babynahrungsgläser etc.), in die wir kleine Proben vom Bodenbelag der Gewässer füllen. Schwarzer, übelriechender Schlamm sollte vermieden werden. Die Proben sollten nicht tiefer als einige Zentimeter unter der Wasseroberfläche entnommen werden, da in der Regel nur hier eine für die Einzeller ausreichende Sauerstoffversorgung gewährleistet ist. Strömt, im Falle kleiner Bäche als Probenentnahmestellen, das Wasser zu stark, finden sich möglicherweise nur wenige Organismen. Es empfiehlt sich der Gebrauch eines Planktonnetzes. Die Proben können beim Transport ruhig bewegt werden, ohne daß die Einzeller Schaden nehmen. Es sollten jedoch größere Temperaturänderungen vermieden werden.
Die Untersuchung der Proben auf Einzeller sollte im Idealfall sobald wie möglich erfolgen. Hier ist eine Stereolupe zur Vororientierung ganz nützlich. Man kann allerdings auch die Proben einige Tage stehen lassen, damit sich möglicherweise eine größere Anzahl von Einzellern entwickelt. Diese Entwicklung kann dadurch unterstützt werden, daß einige wenige Reis- oder Weizenkörner, die das Bakterienwachstum fördern, der Probe zugefügt werden. Grundsätzlich sind Protisten an vermoderndem Pflanzenmaterial in größerer Anzahl anzutreffen.
Die photosynthetisch aktiven Organismen sammeln sich möglicherweise in einem bestimmten Bereich des Probenbehälters, normalerweise an der Oberfläche. Mit haarfein ausgezogenen Glaspipetten kann man einzelne Einzeller aus größeren Proben isolieren, sie auf Objektträger bringen, mit einem Deckglas abdecken und dann detailliert untersuchen.
Die meisten Mikroskopiker werden sich vornehmlich lebende Objekte ansehen, da für die Herstellung gefärbter Präparate meist zu wenige Einzeller vorgefunden werden. Gerade zu Beginn wird es oft schwierig sein, überhaupt irgendwelche Einzeller zu sehen. Der Grund liegt darin, daß Mikroskope, deren Beleuchtung so eingestellt ist, wie es in den Lehrbüchern angeraten wird, ein Bild mit recht geringem Kontrast liefern (siehe Seite 56). Es ist natürlich besser, wenn Mikroskope mit Phasenkontrast oder sogar Differential-Interferenz-Kontrast zur Verfügung stehen. Aber auch bei einfachen Hellfeldmikroskopen kann der Kontrast gesteigert werden, indem man die Beleuchtung insofern ändert, als man entweder den Kondensor senkt oder die Aperturblende schließt oder aber durch Dezentrierung des Kondensors eine Schrägbeleuchtung verursacht. In allen drei Fällen verschlechtert man naturgemäß das Auflösungsvermögen des Mikroskops. Aber in diesem Zusammenhang kommt es nicht darauf an, feine Strukturdetails zu analysieren, sondern die Zellform, die grobe Morphologie des Einzellers zu erkennen.
Hat man nun ein kontrastreiches Bild erzielt, mag man erneut frustriert sein. Die Organismen bewegen sich zu schnell, als daß man detaillierte Beobachtungen machen könnte. Einige Protisten schwimmen in den Bereich des Präparats, der beleuchtet wird (z. B. einige Algen), andere versuchen stets aus dieser Zone zu entkommen, während wieder andere ziellos mit einer atemberaubenden Geschwindigkeit umherschwimmen und jeden Versuch zunichte machen, sie genauer zu beobachten. Es gibt verschiedene Möglichkeiten, diese Probleme zu bewältigen. Die beste Alternative ist immer noch, Geduld zu haben. Nach einiger Zeit wird man schon eine gewisse Vorstellung von der generellen Form und von bestimmten Besonderheiten der untersuchten Organismen haben.
Man kann natürlich auch mit Lösungen wie beispielsweise Jodjodkali die Tiere abtöten und gleichzeitig in gewissen Grenzen färben. Diese Form der „Immobilisierung" nimmt aber jede Freude, die Einzeller im Leben zu beobachten. Schwermetallsalzlösungen (beispielsweise Nickel- und Kupferchloride) können in geringen Konzentrationen zur Immobilisierung der Untersuchungsobjekte angewandt werden. Visköse Medien, wie beispielsweise Methylzellulose, verlangsamen ebenfalls die Bewegung der Einzeller recht stark. (Obgleich es sich im Prinzip um das gleiche Material handelt, sollte man keinen Tapetenkleister verwenden, da er in der Regel Fungizide enthält, die die Einzeller schädigen.) Jedoch beobachtet man bei der Anwendung dieser Methoden oft genug sehr untypische Verhaltensweisen der Einzeller. Der immer noch beste, aber auch zeitraubendste und am meisten Geschick erfordernde Weg, die Einzeller in ihrer Bewegung etwas zu bremsen, ist, mit Filterpapier vorsichtig so viel Flüssigkeit zwischen Objektträger und Deckglas wegzusaugen, bis der Deckglasdruck die Bewegung der Protisten einschränkt. Hierdurch kommt man zu sehr dünnen Präparaten, die sich durch besonders gute optische Eigenschaften auszeichnen.
Die Protisten, die man gewöhnlich als erstes in einer Wasserprobe entdeckt, sind neben den grünen Flagellaten die großen, aktiven Ciliaten. Die Charakteristika, nach denen man Ciliaten identifizieren kann, sind Form und Größe des Organismus, Verteilung und Anordnung der Cilien sowie weitere intrazelluläre

Strukturen wie kontraktile Vakuolen, Kerne und Extrusome. (Am Ende dieses Kapitels haben wir einige Standardwerke zusammengestellt, nach denen man Einzeller bestimmen kann.)
Die farbigen Flagellaten sind wegen ihrer geringen Größe weitaus schwieriger zu bestimmen. Jedoch ist die jeweilige Farbe (leuchtend grün, braungrün, golden etc.), die einen Hinweis auf die Pigmente in den Chloroplasten gibt, ein gutes Bestimmungsmerkmal für eine Grobeinteilung. Die Anzahl der Flagellen sowie ihre relative Länge (da sie sehr fragil sind, können sie bereits vor der genauen Beobachtung abgebrochen sein), der Grad der Flexibilität des Zellkörpers sowie die Art der Fortbewegung sind weitere nützliche Charakteristika bei der Klassifizierung. Man sollte sich der Tatsache bewußt sein, daß in den verschiedenen Gruppen der Phytoflagellaten neben den grünen Formen nicht selten eng verwandte, farblose Vertreter vorkommen.
Die Zooflagellaten (Flagellatengruppe mit ausschließlich farblosen Vertretern) sind oft außerordentlich klein und kontrastarm; sie werden deswegen häufig übersehen. Die festsitzenden Choanoflagellaten sind noch am ehesten aufgrund ihres charakteristischen Kragens, der ein einzelnes apikales Flagellum umgibt, zu identifizieren. Die meisten anderen farblosen Flagellaten gehören zu den Bodoniden (Zooflagellaten) und zu den Eugleniden (Phytoflagellaten). Im Lebenszyklus einiger Pilze, Schleimpilze und Amöben treten als bestimmte Stadien ebenfalls farblose Flagellaten auf.
Die Amöben, die wir noch etwas näher charakterisieren sollten, zeigen eine relativ langsame Bewegung. Die Organismen benötigen häufig einige Zeit, um beispielsweise aus Detritusansammlungen hervorzukriechen. Die Amöben werden in zwei große Gruppen eingeteilt, und zwar in solche mit Versteifungselementen innerhalb der Pseudopodien und solche ohne derartige Einrichtungen. Die erste Gruppe zeigt in der Regel eine symmetrische Form wie beispielsweise die Heliozoen. Die anderen Amöben zeichnen sich durch eine sehr variable Körperform aus, die sich ständig ändert. Dennoch ist es möglich, auch diesen Organismen generelle Charakteristika wie beispielsweise Körperform und -größe, Pseudopodienausgestaltung, Uroidgestalt und Fortbewegungsart zuzuschreiben, die insgesamt gesehen bei der Identifizierung weiterhelfen.
Schließlich sollten wir noch erwähnen, daß nicht alle Protisten-Arten nur durch direkte Beobachtung einzelner Individuen zweifelsfrei bestimmt werden können. Es gibt Fälle, in denen es notwendig ist, Reinkulturen anzulegen und die Lebenszyklen zu studieren oder aber spezielle Färbungen vorzunehmen, um eine exakte Diagnose durchführen zu können.
Neben all diesen genauen Beobachtungen und über die Bemühungen hinaus, die Organismen, die wir im Mikroskop zu sehen bekommen, möglichst weitgehend zu identifizieren, sollten wir allerdings eines nicht vergessen: Wir sollten immer genügend Zeit finden, die bisweilen phantastische Schönheit und unglaubliche Formenvielfalt der Einzeller auf uns wirken zu lassen.

Literaturhinweise

BITTNER, E.: Blaualgen (Cyanophyceen). Stuttgart 1972.
FRANK, W., und LIEDER, J.: Taschenatlas der Parasitologie. Stuttgart 1986.
GÖKE, G.: Meeresprotozoen (Foraminiferen, Radiolarien, Tintinniden). Stuttgart 1963.
GRELL, K. G.: Protozoology. Berlin und Heidelberg 1973.
GROSPIETSCH, Th.: Wechseltierchen (Rhizopoden). Stuttgart 1972.
HAUSMANN, K.: Protozoologie. Stuttgart 1985.
HUSTEDT, F.: Kieselalgen (Diatomeen). Stuttgart 1969.
KAHL, A.: Wimpertiere oder Ciliata (Infusoria). Tierwelt Deutschlands (Hrsg. DAHL). Jena 1930–1935.
KLOTTER, H. E.: Grünalgen (Chlorophyceen). Stuttgart 1975.
KRAMMER, K.: Kieselalgen. Stuttgart 1986.
MATTHES, D., und F. WENZEL: Wimpertiere (Ciliaten). Stuttgart 1978.
MAYER, M.: Kultur und Präparation der Protozoen. Stuttgart 1966.
RIETH, A.: Jochalgen (Konjugaten). Stuttgart 1961.
SLEIGH, M.: The Biology of Protozoa. London 1973.
STREBLE, H., und D. KRAUTER: Das Leben im Wassertropfen. Kosmos-Naturführer. Stuttgart 1982.
VATER-DOBBERSTEIN, B., und H.-G. HILFRICH: Versuche mit Einzellern. Experimentierbuch für Lehrer und Schüler. Stuttgart 1982.
WESTPHAL, A.: Protozoen. Spezielle Zoologie 1. Stuttgart 1974.

Prokaryonten

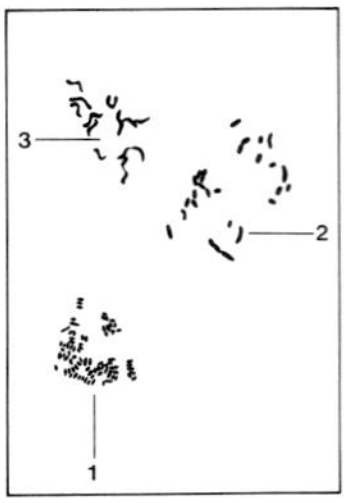

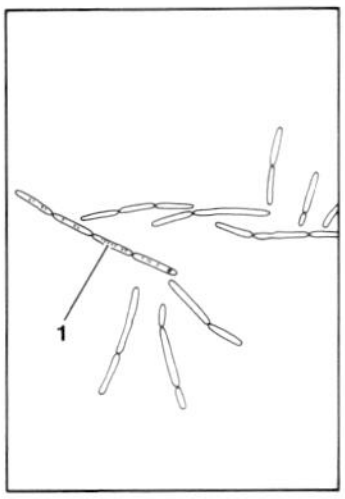

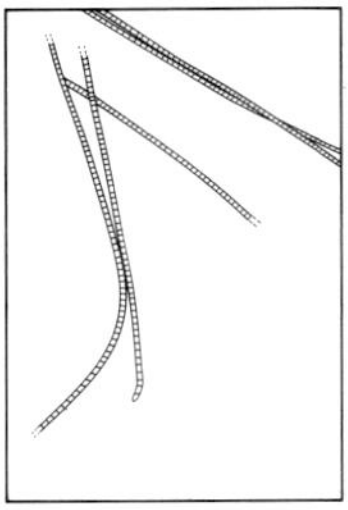

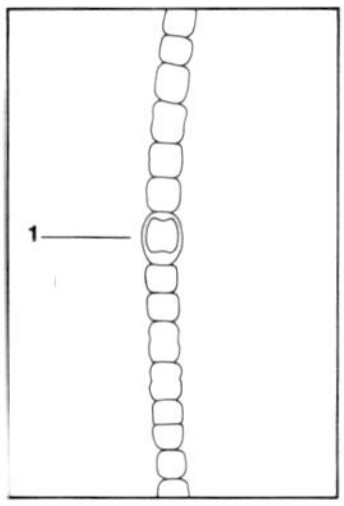

Als Prokaryonten werden auf Grund ihres internen Strukturgefüges Bakterien und Blaualgen bezeichnet. (Alle anderen einzelligen und vielzelligen Organismen werden Eukaryonten genannt.) Die meisten Prokaryonten haben eine sehr einfache, in der Regel zylindrische oder kugelige Gestalt. Häufig sind die einzelnen Zellen zu langen Fäden hintereinandergereiht. Sie können auch größere Zellaggregate ausbilden, wobei die Zellen durch ein von ihnen selbst ausgeschiedenes Material zusammengehalten werden. In der Natur spielen die Prokaryonten eine außerordentlich wichtige Rolle, da sie einerseits für den Abbau organischen Materials und dessen Rückführung in den Gesamthaushalt verantwortlich sind, andererseits selbst die Nahrungsgrundlage für freilebende Protozoen darstellen.

Freilebende, heterotrophe Bakterien. Phasenkontrast. Vergr. 950:1 (oben links)
Der Großteil der freilebenden Bakterien zeigt die Formen, die in diesem Phasenkontrastbild dargestellt sind: kugelig (*1*), stabförmig (*2*) oder spiralig (*3*). Normalerweise sind sie farblos. Man findet sie oft in sehr großer Anzahl. Manche Arten können aktiv umherschwimmen. Aufnahme D. J. Patterson

Bacillus. Phasenkontrast. Vergr. 950:1 (oben rechts)
Diese stabförmigen Bakterien können für Insekten pathogen sein, indem sie, wenn sie mit der Nahrung aufgenommen worden sind, die Zellen des Magen-Darm-Traktes zerstören. Innerhalb dieser Prokaryonten finden sich lichtbrechende Partikel (*1*), bei denen es sich um Speicherstoffe handelt. Struktur und Anordnung solcher Speicherstoffe können zur Artbestimmung herangezogen werden. Aufnahme K. Hausmann

Oscillatoria. Differential-Interferenzkontrast. Vergr. 425:1 (unten links)
Diese Blaualge bildet lange Filamente aus einzelnen, hintereinandergefügten Zellen aus. Eine derartige Organisationsform ist für viele Blaualgenarten typisch. Oscillatorien sind zu aktivem Gleiten befähigt. Aufnahme K. Hausmann

Anabaena. Differential-Interferenzkontrast. Vergr. 1000:1 (unten rechts)
Anabaena formt – ganz ähnlich wie *Oscillatoria* – Fäden aus. In diesem Fall finden sich jedoch zwischen den gleichförmigen Zellen sogenannte Heterocysten (*1*), die durch ihre andersartige Struktur sowie ihre verdickte Zellwand auffallen. Die Heterocysten spielen eine besondere Rolle im Stickstoffmetabolismus. Aufnahme K. Hausmann

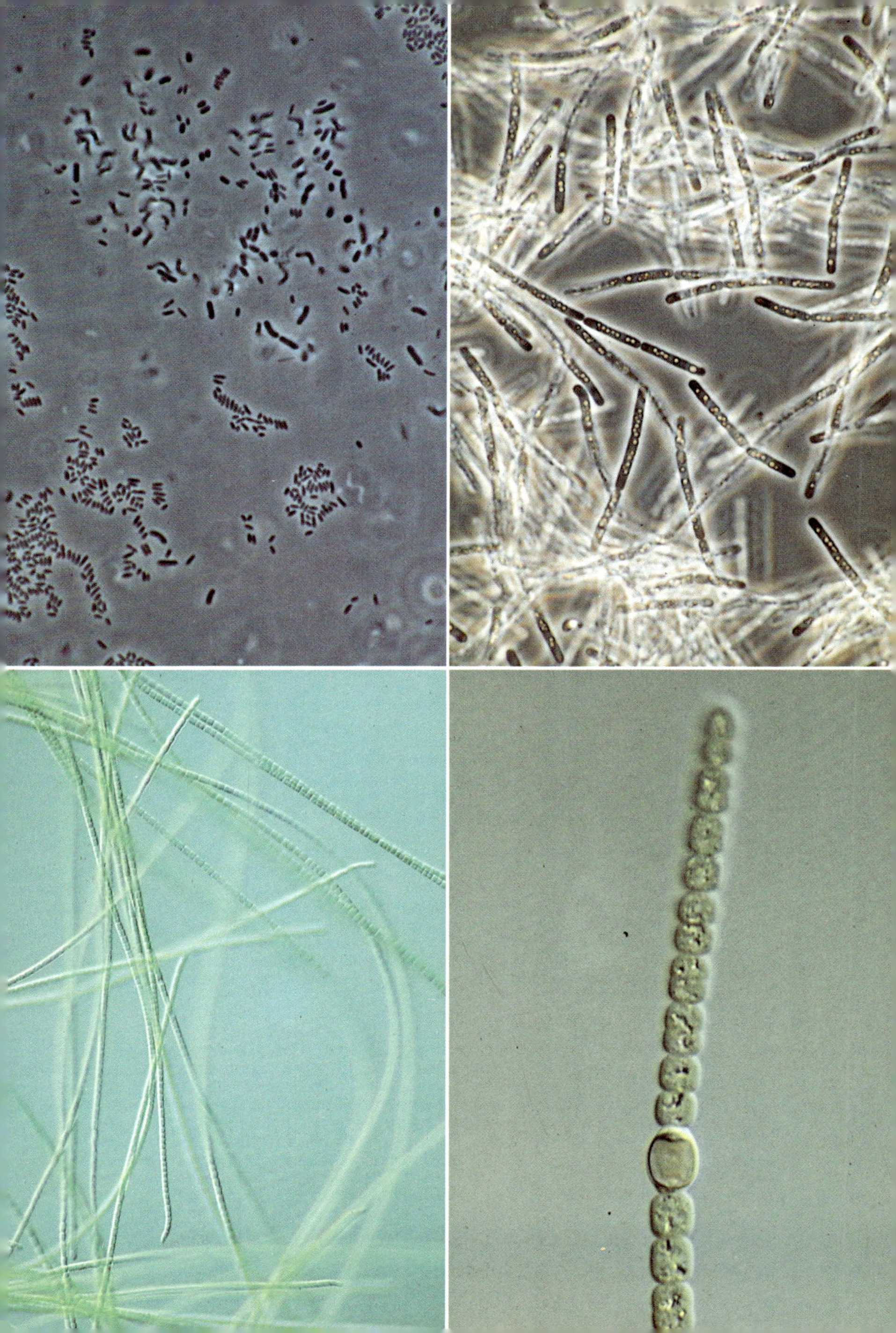

Eugleniden

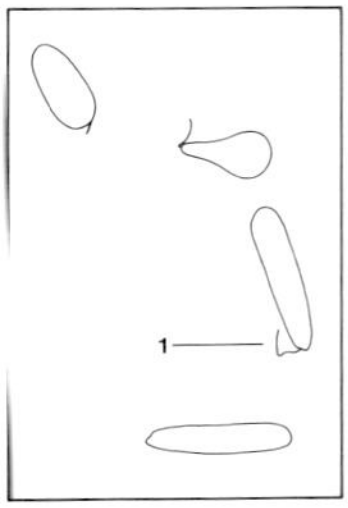

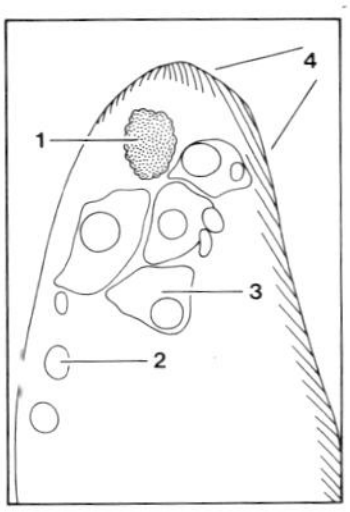

Der Flagellat *Euglena* ist ein Süßwasserorganismus, der häufig in Teichen und Tümpeln, die reich an organischen Stoffen sind, gefunden wird. Er ist leicht zu kultivieren und wurde demzufolge häufig zur Illustration der Flagellatencharakteristika verwandt.

Euglena. Differential-Interferenzkontrast. Vergr. 600:1 (oben links)
Das generelle Erscheinungsbild der Euglenen wird an vier Organismen dargestellt. Da sie zu aktiven, relativ rasch erfolgenden Körperveränderungen (= Metabolie oder euglenoide Bewegung) befähigt sind, unterscheiden sie sich in ihrer äußeren Gestalt voneinander. Durch das Schlagen ihrer Geißeln (*1*) können sie sich darüber hinaus auch schwimmend fortbewegen. Eugleniden haben in der Regel zwar zwei Flagellen; da aber das eine Flagellum sehr kurz ist, sieht man normalerweise nur eines, das vom Vorderende ausgeht. Die Zellen sind kräftig grün gefärbt. Dieses wird durch zahlreiche Chloroplasten verursacht, die neben anderen Photosynthesepigmenten das Chlorophyll b enthalten. Aufnahme D. J. Patterson

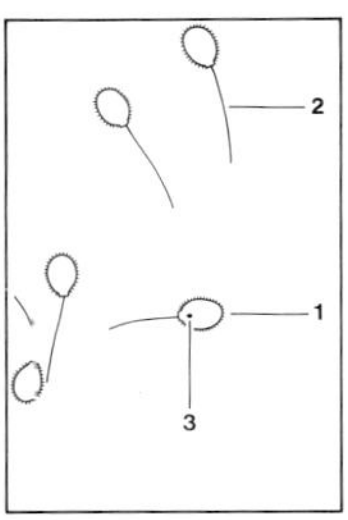

Euglena. Differential-Interferenzkontrast. Vergr. 1300:1 (oben rechts)
Die stärkere Vergrößerung vom Vorderende einer *Euglena*-Zelle zeigt einige Besonderheiten dieser Organismen. Der Augenfleck (*1*) besteht aus einer Reihe von Lipidtropfen, die Karotinoide enthalten. Neben kleineren, lichtbrechenden Körnern aus Polysacchariden (*2*) sind größere Chloroplasten (*3*) mit Pyrenoiden zu erkennen. Die Zelloberfläche weist deutliche Rippen auf (*4*). Diese markieren den Verlauf interner Proteinbänder, die den Zellen bis zu einem gewissen Grad Flexibilität verleihen. Aufnahme K. Hausmann

Trachelomonas. Differential-Interferenzkontrast. Vergr 280:1 (unten links)
Diese zwar unauffälligen, jedoch häufig vorkommenden Eugleniden können leicht an ihrer stacheligen Lorica (*1*), in der sie leben, erkannt werden. Die Lorica ist organischer Natur, weist aber eine Braunfärbung auf, die durch eine Adsorption von Metallionen zustande kommt. Aus einer apikal gelegenen Öffnung in der Lorica ragt ein Flagellum heraus (*2*). Hiermit schwimmen die Zellen frei umher, wobei die Fortbewegungsrichtung durch ein Stigma (*3*) das man bei einigen Organismen durch die Schale hindurch erkennen kann, beeinflußt wird. Aufnahme D. J. Patterson

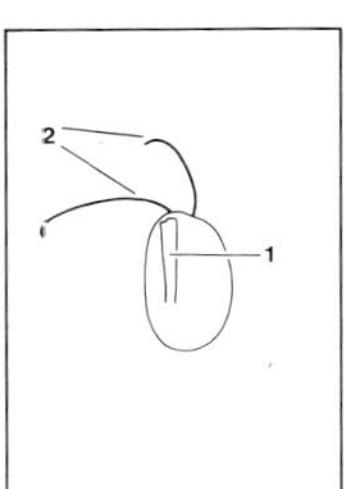

Entosiphon. Phasenkontrast. Vergr. 1200:1 (unten rechts)
Die meisten Eugleniden sind in der Lage, sich entweder nur heterotroph oder aber auch gleichzeitig mittels Photosynthese zu ernähren (amphitroph). Es gibt zahlreiche farblose Eugleniden, von denen manche spezielle Ingestionsorganellen entwickelt haben, mit deren Hilfe sie große Nahrungspartikel aufnehmen können. *Entosiphon* ist ein Beispiel für solche Arten, die – im Gegensatz zu *Euglena* – eine recht feste Zellform haben. Nahrungspartikel (vornehmlich Bakterien) werden bei *Entosiphon* mit Hilfe einer röhrenförmigen Struktur (Siphon, *1*), aufgenommen. Bei diesen Organismen sieht man beide Flagellen (*2*), von denen in der Regel eines am Zellkörper entlang zieht und nach hinten weist. Aufnahme D. J. Patterson

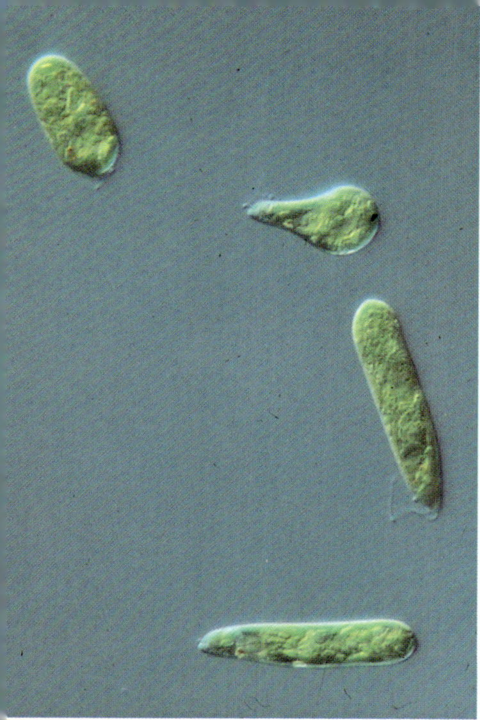

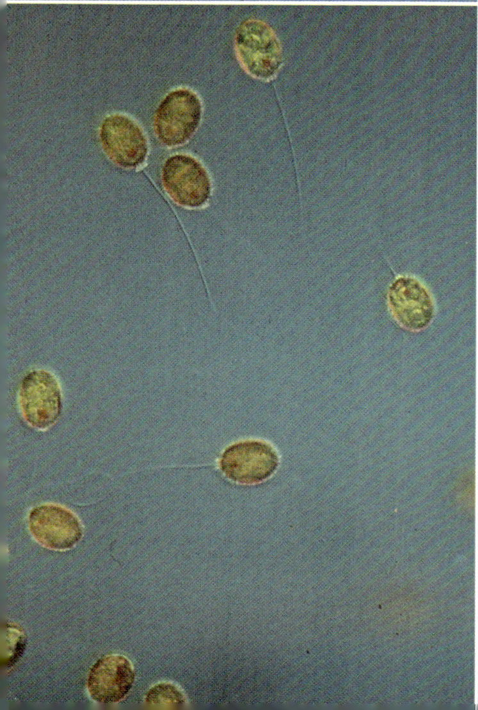
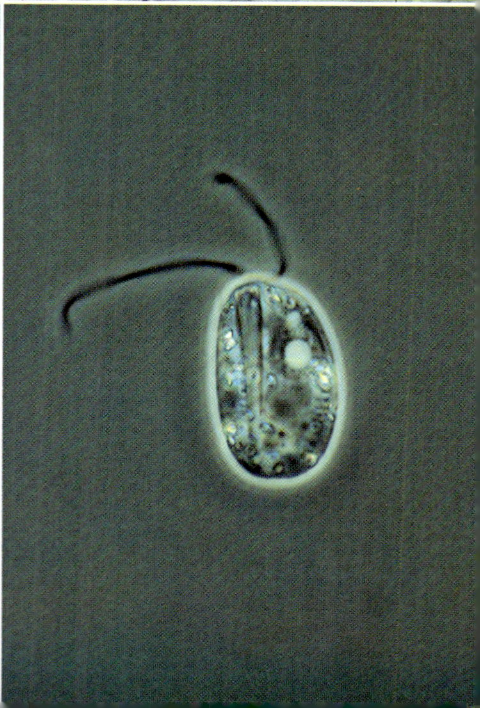

Farblose Flagellaten

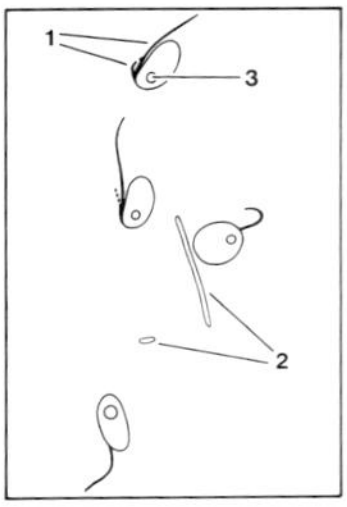

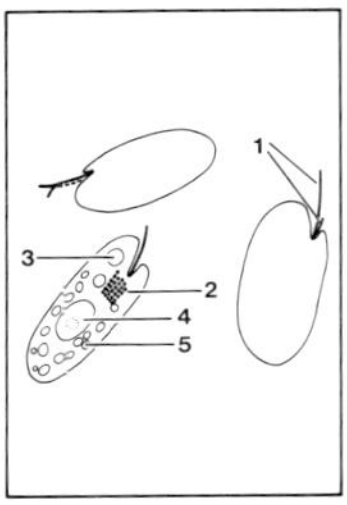

Die Flagellaten werden in farblose Zooflagellaten und grüne Phytoflagellaten unterteilt. Diese Aufgliederung ist, wie am Beispiel der Eugleniden gezeigt wurde, hinsichtlich der Systematik wertlos, da beide Erscheinungsformen bei ganz eng verwandten Arten auftreten können. Sie hat jedoch praktischen Wert bei der groben Einteilung der Flagellaten. In der Natur findet man farblose Flagellaten oft in sehr großer Individuenanzahl. Zahlreiche Arten verursachen schwere Krankheiten (zum Beispiel Schlafkrankheit, Leishmaniosen). Andere spielen als Endosymbionten im Darm von Insekten (zum Beispiel Schaben und Termiten) eine wichtige Rolle beim Abbau von pflanzlichem Material.

Bodo. Differential-Interferenzkontrast. Vergr. 1000:1 (oben links)
Bodoniden sind in der Natur sehr häufig anzutreffen. In der Regel haben sie zwei Flagellen (*1*). Sie ernähren sich von Bakterien (*2*) oder gelösten organischen Substanzen. Wie in dieser Abbildung gezeigt ist, sind sie oft nicht größer als Bakterien. Eine kontraktile Vakuole (*3*) liegt am Vorderende der Zellen. Aufnahme K. Hausmann

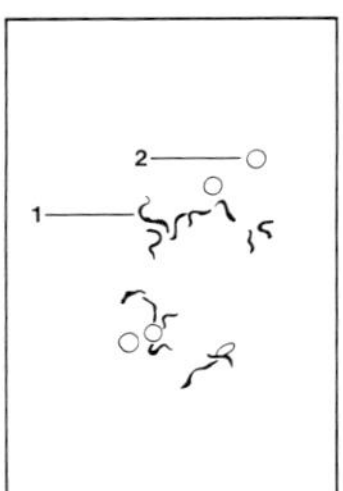

Chilomonas. Differential-Interferenzkontrast. Vergr. 1000:1 (oben rechts)
Dieser farblose Flagellat wird im Süß- und Meerwasser gefunden. Er gehört zur Gruppe der Cryptophyceen, von denen die meisten Vertreter grün sind. *Chilomonas* hat zwei Flagellen (*1*), die aus einer Einbuchtung am vorderen Zellpol entspringen. Diese Einbuchtung ist mit Ejektisomen (ausschleuderbare Zellorganellen, *2*), ausgekleidet. Die kontraktile Vakuole (*3*) entleert sich in die apikale Einbuchtung. Der Kern (*4*) und Speicherstoffe (*5*) sind deutlich sichtbar. Aufnahme K. Hausmann

Trypanosoma. Phasenkontrast. Vergr. 600:1 (unten links)
Trypanosomen spielen eine wichtige ökonomische sowie medizinische Rolle, da sie Krankheiten wie Schlafkrankheit, Chagas-Krankheit und Leishmaniosen hervorrufen. Die hier gezeigten lebenden Trypanosomen (*1*) schwimmen zwischen den roten Blutkörperchen (*2*) einer künstlich infizierten Maus. Trypanosomen sind sehr kleine Zellen mit einer oder zwei Geißeln. Ein Flagellum ist grundsätzlich mit der Zelloberfläche verklebt, so daß, wenn dieses Flagellum schlägt, der gesamte Organismus eine schlängelnde Bewegung durchführt. Diese Art der Fortbewegung mag im Blut zwischen den zahlreichen Blutkörperchen von Vorteil sein. Aufnahme K. Hausmann

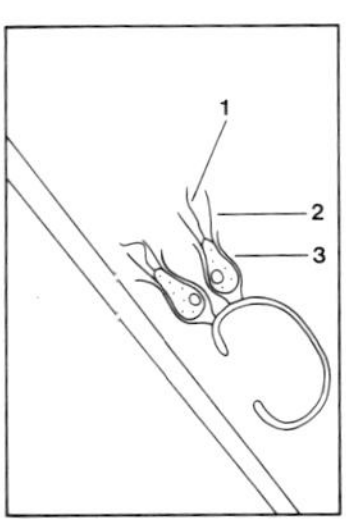

Salpingoeca. Differential-Interferenzkontrast. Vergr. 1000:1 (unten rechts)
Choanoflagellaten (= Kragengeißler) sind recht kleine Organismen des Süß- und Meerwassers. Die meisten Arten sind – entweder einzeln oder in Kolonien – am Substrat festgeheftet. Ein einzelnes Flagellum (*1*) verursacht einen Wasserstrom durch den Kragen (*2*), der aus feinen, nur elektronenmikroskopisch darstellbaren Stäbchen besteht. Mit Hilfe dieser Reuse werden Bakterien und andere Nahrungspartikel aus dem Wasser herausgefiltert. *Salpingoeca* lebt innerhalb eines dünnen Gehäuses aus organischem Material (*3*). Daher hat man auf den ersten Blick den Eindruck, daß das Flagellum von zwei Kragen umgeben ist. Aufnahme D. J. Patterson

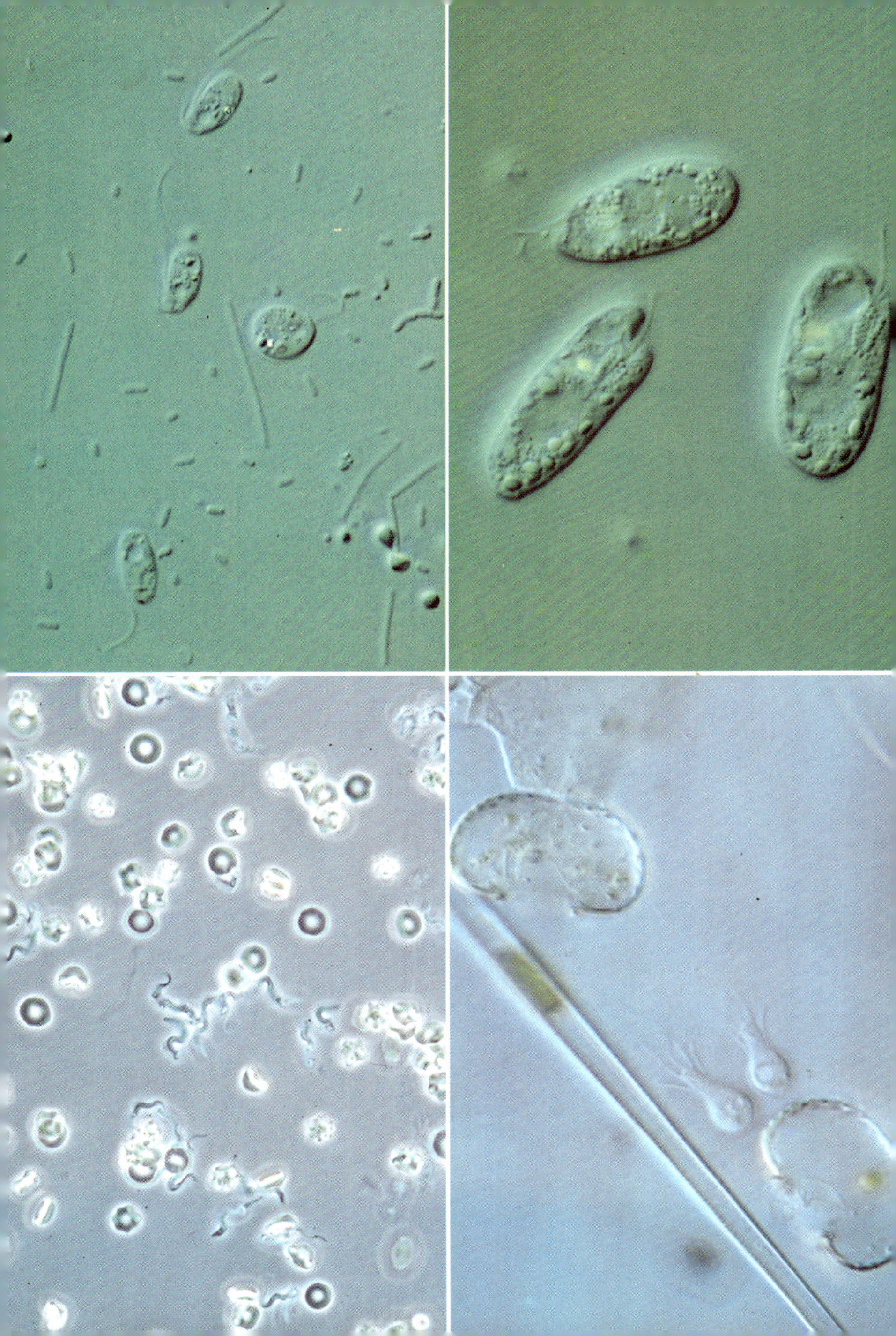

Goldalgen und Diatomeen

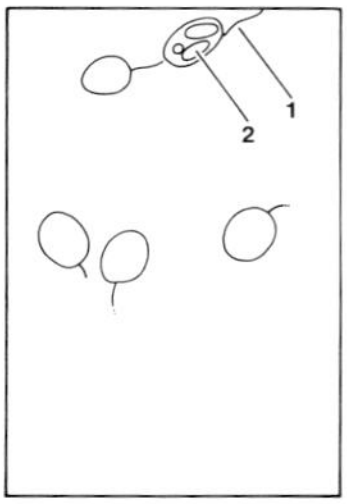

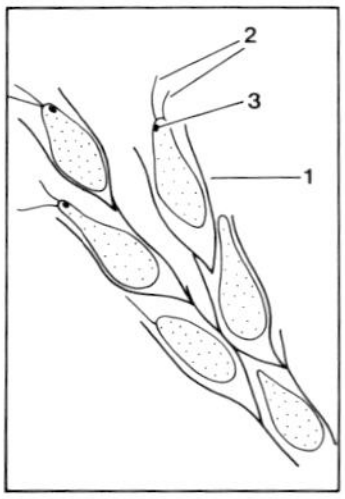

Mehr als jede andere Flagellatengruppe zeigen die Goldalgen (= Chrysophyceen) eine erstaunliche Vielfalt hinsichtlich Form und Verhalten. Viele besitzen golden gefärbte Chloroplasten (Name!), können sich aber gleichzeitig auch heterotroph ernähren, in einigen Fällen sogar phagocytotisch. Andere Arten sind vollständig farblos und ernähren sich ausschließlich heterotroph. Normalerweise findet man zwei Chloroplasten und zwei Flagellen (ein kürzeres und ein relativ langes). Es gibt aktive Schwimmer und sessile Formen; ebenso findet man einzellebende und koloniebildende Arten. Häufig kommt Cystenbildung vor. Entsprechend ihrer Vielfalt können die Chrysophyceen in der Evolution Ausgangsformen für einige andere Protistengruppen dargestellt haben. Die in ihrem äußeren Erscheinungsbild recht unterschiedlichen Diatomeen, die durch ihre Silikatschale gekennzeichnet sind, sind möglicherweise eine solche Gruppe.

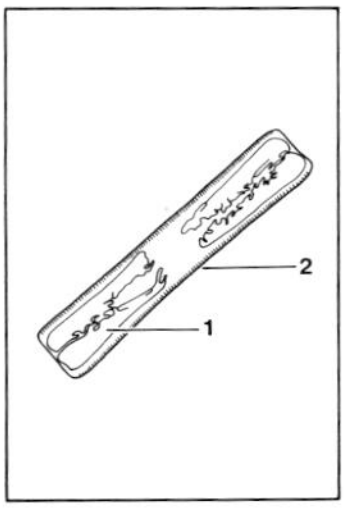

Poterioochromonas. Phasenkontrast. Vergr. 1000:1 (oben links)
In der Abbildung erkennt man die Flagellen (*1*) und die Plastiden (*2*). Die Zellen können sich sowohl phagotroph ernähren als auch Photosynthese betreiben. Unter bestimmten Bedingungen bilden sie einen chitinösen Stiel aus, der am oberen Ende weinkelchartig erweitert ist und mit dem unteren Ende dem Substrat aufsitzt. Aufnahme D. J. Patterson

Dinobryon. Differential-Interferenzkontrast. Vergr. 600:1 (oben rechts)
Hierbei handelt es sich um eine in Kolonien lebende Chrysophycee, die in einer Lorica (*1*) lebt. Jede Zelle hat ihre eigene Hülle, aus der die Flagellen (*2*) herausragen. In manchen Organismen erkennt man den Augenfleck (*3*). Aufnahme W. Herth, Heidelberg

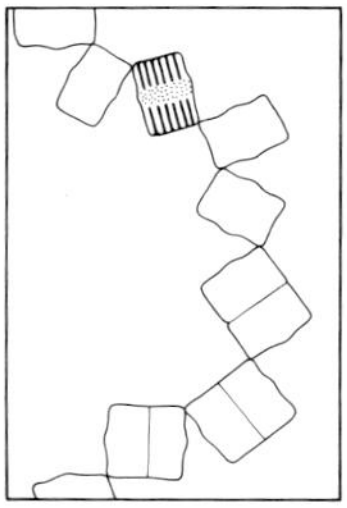

Pennate Diatomee. Differential-Interferenzkontrast. Vergr. 400:1 (unten links)
Diatomeen sind entweder zylinderförmig (zentrische Diatomeen) oder aber abgeflacht, kastenförmig (pennate Diatomeen). In der hier abgebildeten pennaten Art können die Chloroplasten (*1*), die die gleiche Farbe wie die Chrysophyceenplastiden aufweisen, gut erkannt werden. Die Zelle wird von einer Silikatschale umschlossen (*2*), die als Frustel bezeichnet wird. Pennate Diatomeen sind eigenbeweglich. Ein dieser Bewegung zugrundeliegender Gleitmechanismus ist in seinen Details noch nicht geklärt. Aufnahme K. Hausmann

Tabellaria. Phasenkontrast. Vergr. 450:1 (unten rechts)
Bei dieser Form handelt es sich um pennate Diatomeen, die Kolonien bilden, indem sich viele Individuen aneinanderlagern. Aufnahme D. J. Patterson

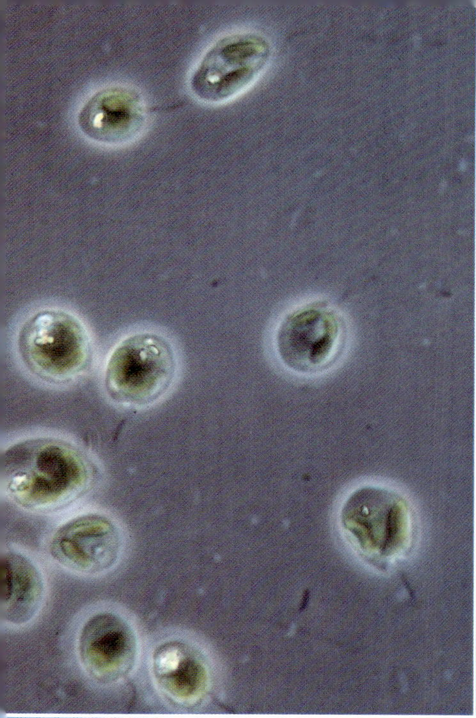
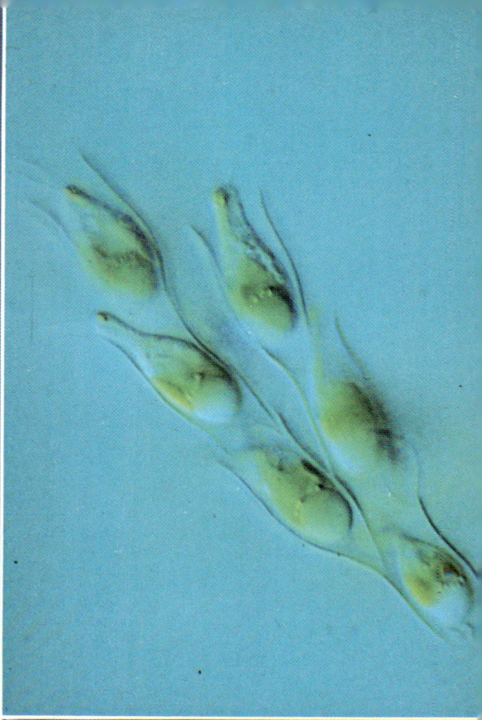
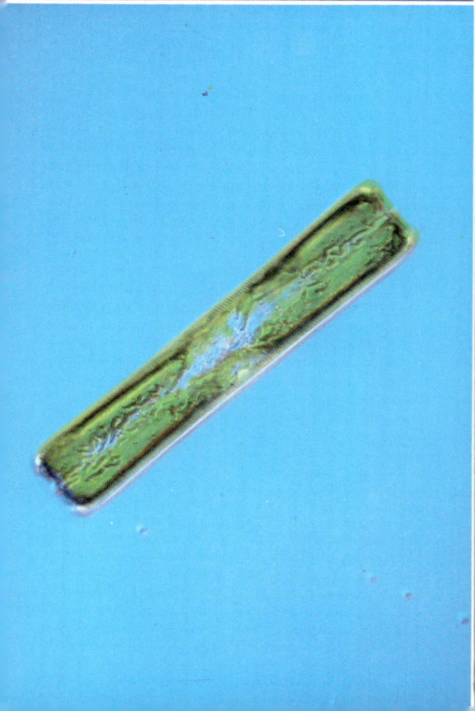

Volvociden

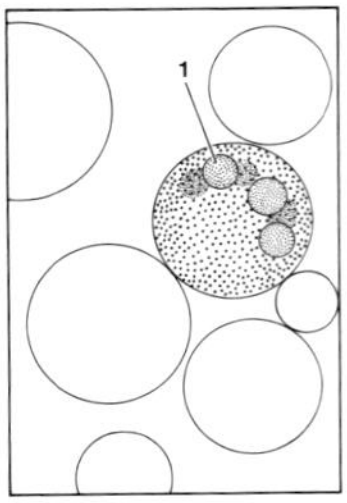

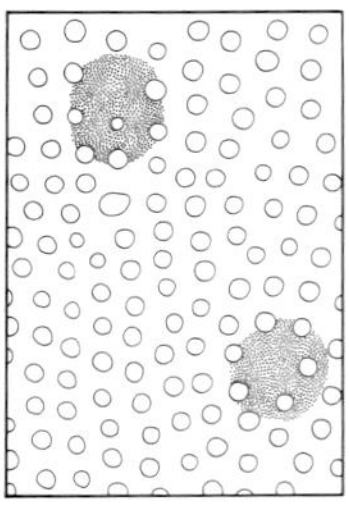

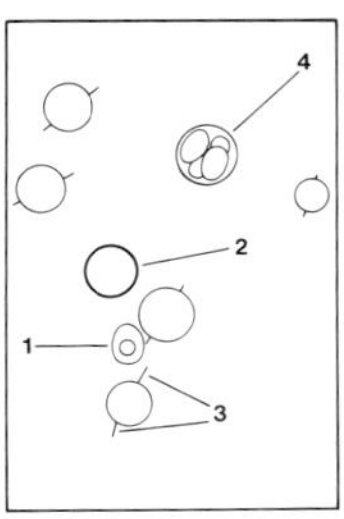

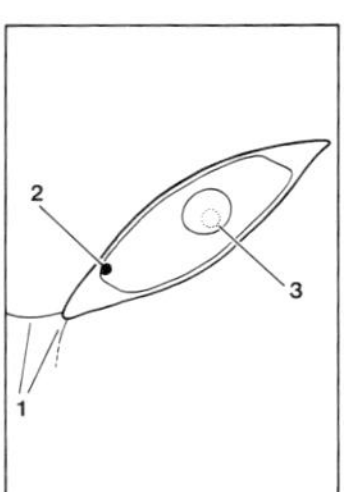

Volvociden gehören zu den Grünalgen (Chlorophyceen). Diese können an Hand eines oder mehrerer hellgrüner Chloroplasten erkannt werden. Die Farbe ist ganz ähnlich wie bei den Eugleniden und wird durch Chlorophyll b in den Plastiden verursacht. Zum Unterschied zu den Eugleniden zeichnen sich die Volvociden durch eine feste Zellwand aus. Die Flagellen sind recht dünn. Das Stigma liegt innerhalb des Chloroplasten.

Volvox. Dunkelfeld. Vergr. 300:1 (oben links)
Volvox stellt eine kugelförmige Grünalgenkolonie aus Tausenden von Einzelindividuen dar. Die Zellen, die in einer gelatinösen Matrix liegen, sind durch feine Kanäle untereinander verbunden. Die jeweils zwei Flagellen einer jeden Zelle weisen nach außen. Der Flagellenschlag aller Zellen ist koordiniert, so daß die ganze Kugel sich gezielt vorwärtsbewegen kann. Tochterkolonien (*1*) entwickeln sich innerhalb der Mutterkolonie und werden durch Aufbrechen der Kolonie freigesetzt. Der durchschnittliche Durchmesser einer ausgewachsenen *Volvox*-Kolonie beträgt einige Millimeter. Aufnahme M. P. Kage, Schloß Weißenstein

Volvox. Differential-Interferenzkontrast. Vergr. 1000:1 (oben rechts)
Dieses Bild zeigt die Oberfläche einer Kolonie. Man erkennt die einzelnen Zellen, die die Kolonie bilden. Zwei Tochterkolonien sind als grünliche Schatten erkennbar. Man sollte sich stets vor Augen halten, daß, obgleich die gesamte Kolonie recht groß ist, die einzelnen Zellen mit einem durchschnittlichen Durchmesser von ca. 5 µm relativ klein sind. Aufnahme D. J. Patterson

Chlamydomonas. Differential-Interferenzkontrast. Vergr. 300:1 (unten links)
Diese weit verbreiteten Flagellaten wurden und werden oft für wissenschaftliche Untersuchungen sowie für Unterrichtszwecke genutzt. Die meisten Zellen in dieser Abbildung sind in Aufsicht auf einen Zellpol dargestellt; eine Zelle ist jedoch im optischen Längsschnitt zu erkennen (*1*). Man sieht einen becherförmigen Chloroplasten, den zentral gelegenen Kern sowie das Stigma. Die Zellen sind von einer deutlich sichtbaren Zellwand (*2*) umgeben. Die Flagellen (*3*), mit denen sich die Organismen am Substrat festheften, sieht man bei verschiedenen Organismen. In diesem Bild ist darüber hinaus ein Stadium aus dem Lebenszyklus dieser Flagellaten dargestellt, das vier Tochterzellen enthält (*4*). Aufnahme D. J. Patterson

Chlorogonium. Differential-Interferenzkontrast. Vergr. 900:1 (unten rechts)
Chlorogonium ist eine spindelförmige Grünalge mit zwei Flagellen (*1*) am vorderen Zellpol. Hier findet sich auch das Stigma (*2*). Der hellgrüne Chloroplast wird von zahlreichen Speicherstoffgranula überdeckt. Der Kern (*3*) liegt im Zellzentrum. Die Zellen sind von einer Zellwand umgeben. Aufnahme K. Hausmann

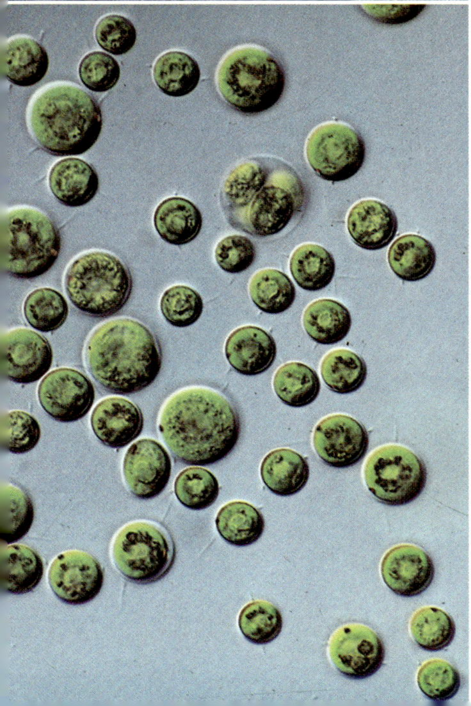
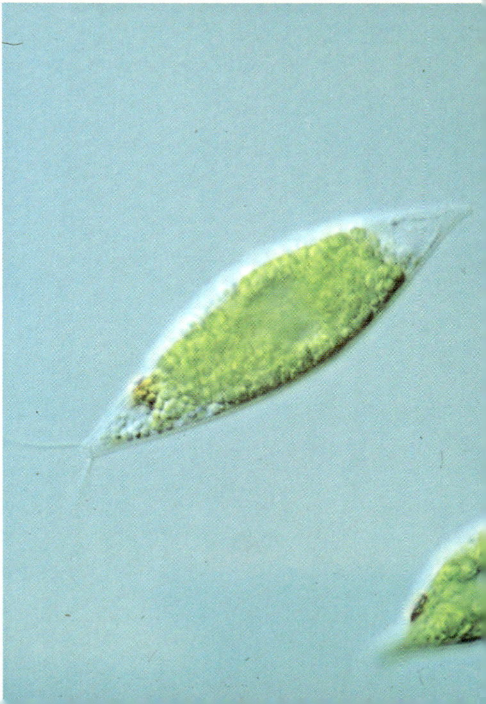

Grünalgen und Dinoflagellaten

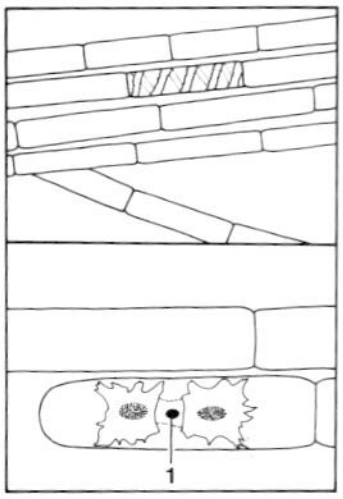

Grünalgen weisen Chlorophyll-b-haltige Plastiden auf und besitzen eine Zellwand aus Zellulose. Beispiele einzellebender beweglicher sowie in Kolonien lebender Formen wurden bereits vorgestellt. Daneben gibt es eine Vielzahl von unbeweglichen Arten, wie zum Beispiel die in fadenförmigen Kolonien lebende *Spirogyra*. Aus dieser Gruppe entwickelten sich die grünen Pflanzen. Dinoflagellaten besitzen in der Regel eine Pellikula mit zellulosehaltigen Platten (Panzergeißler!). Charakteristisch sind eine Quer- und eine Längsfurche, in denen jeweils eine Geißel schlägt. Die beiden Geißeln entspringen an der Stelle, wo sich die beiden Furchen treffen. Die Quergeißel verläuft um den Zellkörper; die Längsgeißel ragt über die Zelle hinaus und verursacht die Fortbewegung.

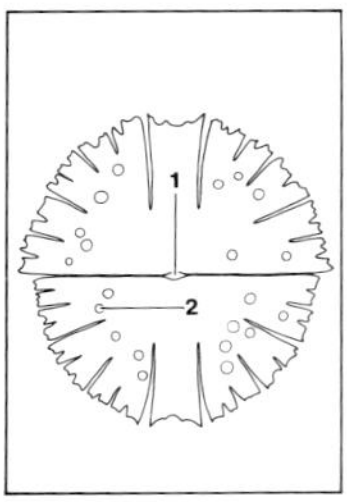

Spirogyra. Differential-Interferenzkontrast. Vergr. 125:1 (oben links, oberes Bild) Lange, zylindrische Zellen ergeben hintereinander angeordnet die bekannten *Spirogyra*-Fäden. Jede Zelle besitzt einen spiraligen, bandförmigen Chloroplasten, der sich unmittelbar unter der Zellmembran um den Zellkörper herumwindet. Gelegentlich können zwischen verschiedenen Fäden Brücken beobachtet werden (hier nicht gezeigt); diese Fäden befinden sich in der sexuellen Reproduktionsphase. Aufnahme K. Hausmann

Zygnema. Differential-Interferenzkontrast. Vergr. 450:1 (oben links, unteres Bild) In dieser Abbildung sind zwei Fäden dieser Art, die ähnlich lange Fäden wie *Spirogyra* bildet, dargestellt. Die Chloroplasten, mit Pyrenoiden, sind jedoch anders gestaltet; sie sind mehr sternförmig. Der Zellkern (*1*) liegt innerhalb einer Cytoplasmabrücke, die sich zwischen den beiden Chloroplasten befindet. Aufnahme D. J. Patterson

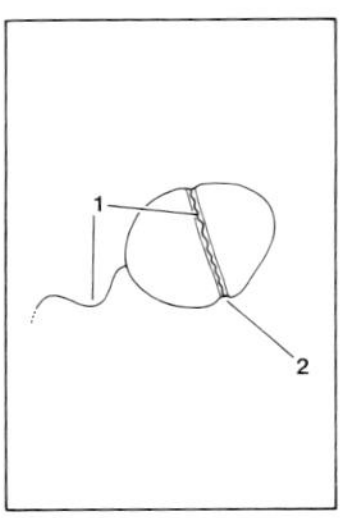

Micrasterias. Differential-Interferenzkontrast. Vergr. 200:1 (oben rechts) Hier wird ein weiterer, von den Grünalgen abgeleiteter Organisationstyp vorgestellt. Es handelt sich um eine Desmidiacee, die charakteristischerweise immer als Doppelform auftritt. Die Zellen haben weder Flagellen noch andere auffällige Bewegungsorganellen, können sich aber durch gezielt erfolgende Schleimausscheidung gerichtet vorwärtsbewegen. Der Zellkern, der in diesem Bild nicht deutlich zu sehen ist, liegt innerhalb eines Isthmus (*1*). Es gibt zahlreiche Pyrenoide (*2*). Die Zellwand und der grüne Chloroplast sind Merkmale, die diese Algen mit den vorhergehenden gemeinsam haben. Aufnahme K. Hausmann

Gymnodinium. Phasenkontrast. Vergr. 600:1 (unten links) Bei diesem Dinoflagellaten sind die beiden Flagellen (*1*) im rechten Winkel zueinander angeordnet. Die Querfurche ist gut zu erkennen (*2*). Die Chloroplasten sind golden bis braun gefärbt. Dinoflagellaten sind wichtige Organismen in marinen Gewässern, da sie die bedeutendsten Primärproduzenten sind, sei es als freilebende Plankter, sei es als Symbionten, zum Beispiel von Foraminiferen oder Radiolarien. Aufnahme D. J. Patterson

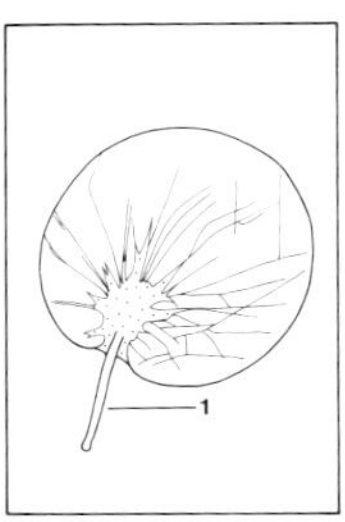

Noctiluca. Dunkelfeld. Vergr. 120:1 (unten rechts) Bei *Noctiluca* handelt es sich um einen ungewöhnlichen Dinoflagellaten. Er zeigt weder die typische Gestalt, noch entspricht die Begeißelung und die Färbung der der anderen Vertreter dieser Gruppe. Die Zellen besitzen einen Tentakel (*1*), der dem Nahrungserwerb dient. Chloroplasten fehlen. Die Zellen sind sehr groß – bis zu 2 mm – und stark vakuolisiert. Außer der phagotrophen Ernährungsweise ist *Noctiluca* deshalb bemerkenswert, weil sie zur Lumineszenz befähigt ist. Sie ist die Ursache für das Meeresleuchten, das man nachts oft beobachten kann. Aufnahme M. P. Kage, Schloß Weißenstein

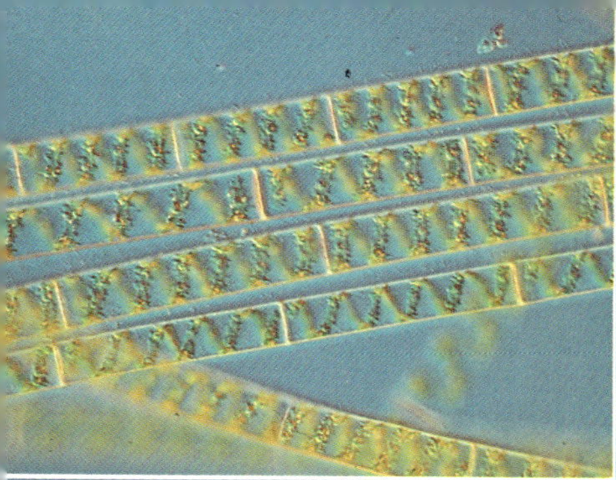

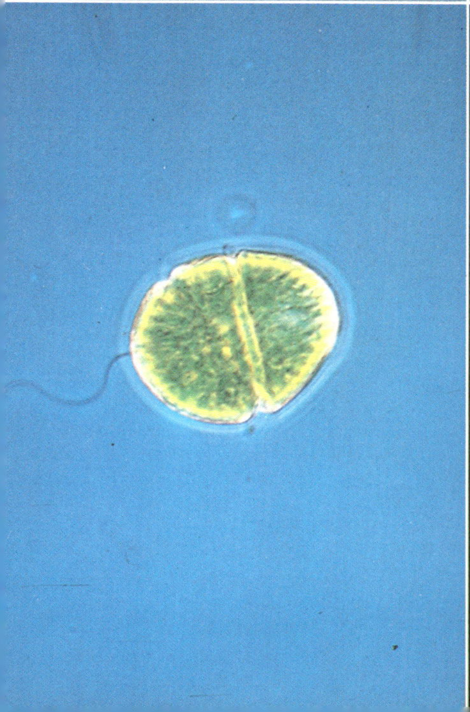
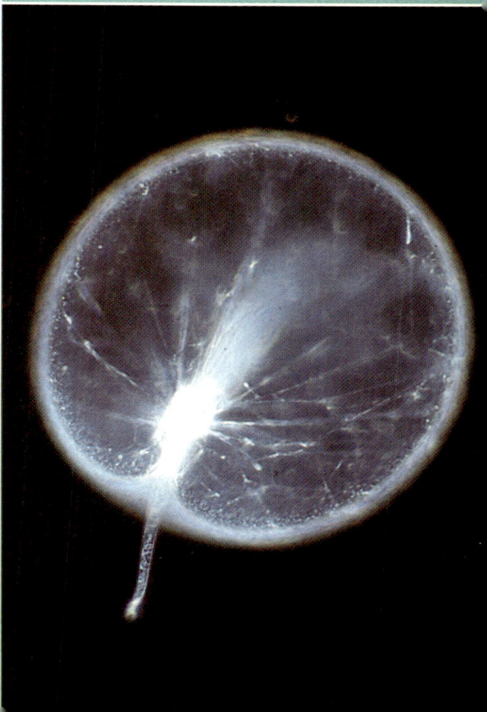

Symbiontische und parasitische Protozoen

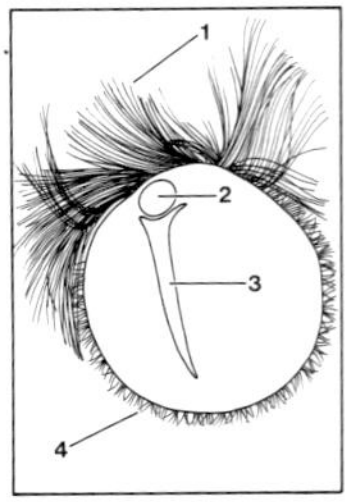

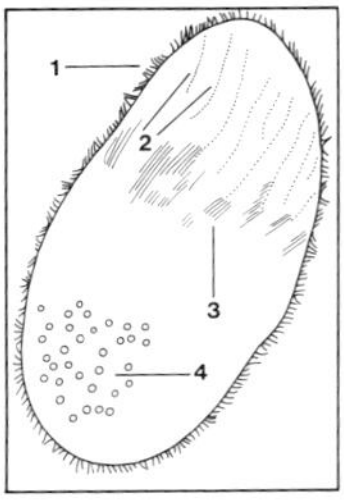

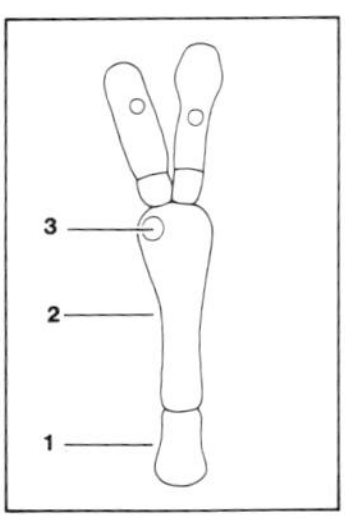

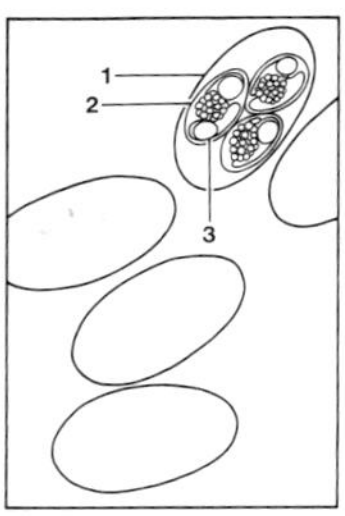

Nahezu die Hälfte aller beschriebenen Protozoenarten nimmt in irgendeiner Weise symbiontische oder parasitische Beziehungen zu anderen Organismen auf. Einige dieser Protozoen sind für den Menschen von besonderer Bedeutung, da sie Krankheiten verursachen (siehe auch Seite 14). Viele Pflanzenfresser der gemäßigten Zonen (zum Beispiel Ruminantia) und der tropischen Regionen (zum Beispiel Termiten) bedienen sich der Protozoen, um ihre Nahrung zu verdauen.

Joenia. Phasenkontrast. Vergr. 350:1 (oben links)
Dieser hypermastigine Flagellat stammt aus dem Darm von Termiten. Er ingestiert kleine Holzstücke und ermöglicht dadurch wahrscheinlich den Abbau der Zellulose. Er besitzt viele, sehr lange Flagellen (*1*), die am Zellvorderende einen Schopf bilden. Der Zellkern (*2*) liegt unmittelbar hierunter. Ein steifes, stützendes Axostyl (*3*) zieht von hier aus zum Zellhinterende hin. Die Zelloberfläche ist größtenteils von Bakterien (Spirochaeten, *4*) bedeckt, die bei der Bewegung behilflich sind. Aufnahme D. J. Patterson

Opalina. Phasenkontrast. Vergr. 350:1 (oben rechts)
Opaliniden stellen eine kleine Organismengruppe dar. Sie können in großer Anzahl im Darm von Amphibien gefunden werden. In mancher Hinsicht ähneln sie den Flagellaten, in anderer den Ciliaten, so daß angenommen wurde, es handle sich hier um eine Übergangsform zwischen beiden Gruppen. Jedoch wird heute generell die Auffassung vertreten, daß sie sich von den Flagellaten entwickelt haben und keine Verwandtschaft zu den Ciliaten aufweisen. Die Flagellenreihen (*1*) sehen eigentlich wie Cilienreihen aus. Eine Mundöffnung fehlt. Die Nahrungsaufnahme erfolgt mittels Pinocytose an den Basen der Flagellen (*2*). Die Zelloberfläche ist durch Längsfalten (*3*) gekennzeichnet. Im Cytoplasma finden sich zahlreiche Kerne (*4*). Die abgebildete Art stammt aus einem Frosch. Aufnahme D. J. Patterson

Gregarinen. Differential-Interferenzkontrast. Vergr. 160:1 (unten links)
Gregarinen zählen zu den Apicomplexa (früher als Sporozoen bezeichnet). Sie leben nicht, wie die meisten Vertreter dieser Gruppe, innerhalb von Wirtszellen, sondern in Leibeshöhlen. Hier können sie sich mit Hilfe eines speziellen Organells (Epimerit) am Gewebe festhalten. Der Zellkörper wird in drei Abschnitte unterteilt: 1. Epimerit (auf dem vorliegenden Bild nicht mehr vorhanden; die Epimeriten sind meistens infolge der Präparation abgerissen); 2. Protomerit (*1*); 3. Deutomerit (*2*). Der Kern (*3*) ist normalerweise gut sichtbar. Zu Beginn der sexuellen Fortpflanzung legen sich zwei Gregarinen hintereinander und bilden eine Syzygie. Bisweilen beobachtet man – wie in diesem Bild – Dreiergruppen, die natürlich nicht miteinander verschmelzen können. Die hier gezeigten Gregarinen stammen aus dem Darm des Mehlwurmes. Aufnahme K. Hausmann

Coccidien. Differential-Interferenzkontrast. Vergr. 1000:1 (unten rechts)
Auch die Coccidien gehören zu den Apicomplexa. Sie dringen in Wirtszellen ein und vermehren sich hier. Zu den Coccidien zählt unter anderen der Verursacher der Malaria (*Plasmodium*), bei dem die infektiösen Stadien nicht, wie es bei vielen anderen Coccidien der Fall ist, durch Sporen von einem Wirt zum anderen übertragen werden, sondern durch einen zweiten Wirtsorganismus (die Stechmücke *Anopheles*). Die hier abgebildeten Oocysten wurden aus Katzen gewonnen. Es handelt sich um *Eimeria*. In jeder Oocyste (*1*) finden sich vier Sporen (*2*) und in jeder Spore zwei Sporozoiten (*3*). Aufnahme K. Hausmann

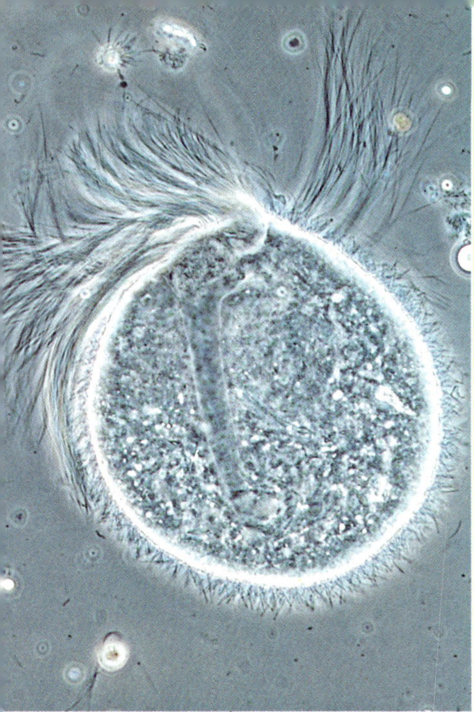
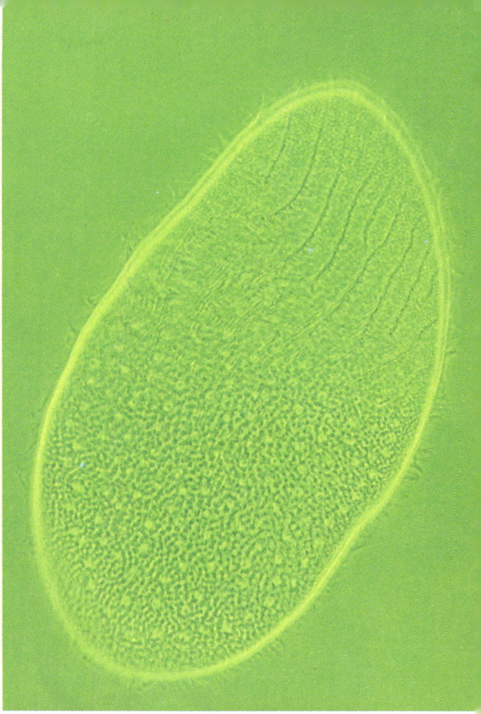
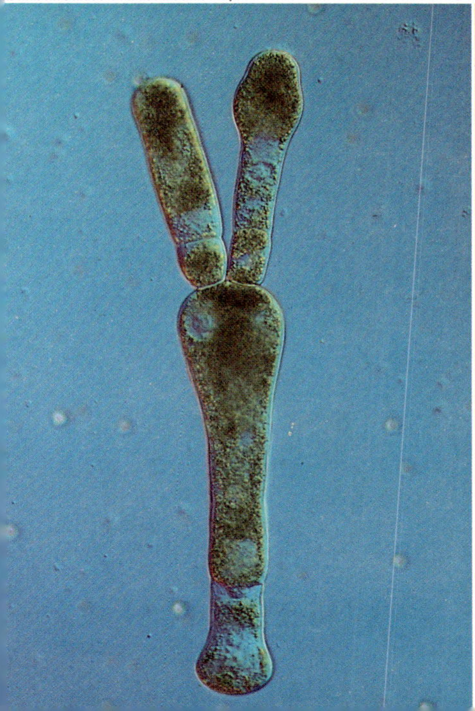
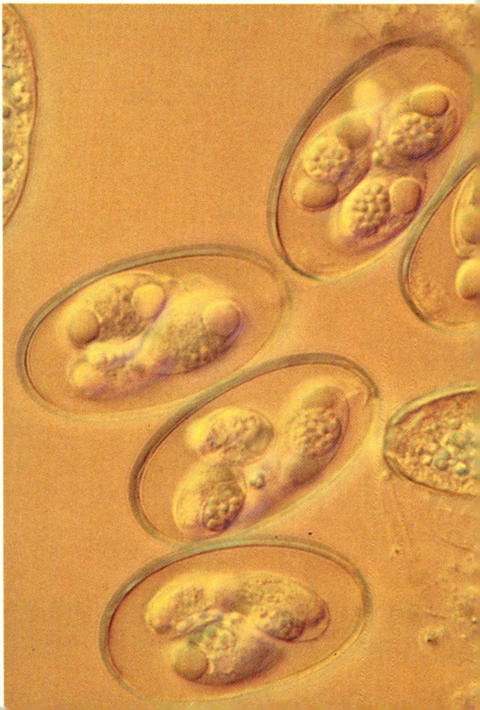

Amöben

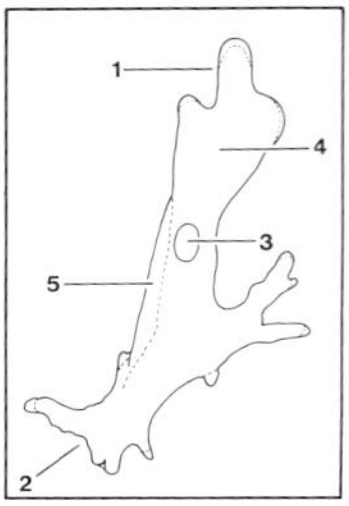

Die zweite große Gruppe der freilebenden Protozoen umfaßt die Amöben. Ein wichtiges Charakteristikum dieser Gruppe ist die Fähigkeit, Pseudopodien auszubilden. Pseudopodien, die im Zusammenhang mit der Fortbewegung und der Nahrungsaufnahme stehen, sind nicht streng auf diese Organismen beschränkt. Weiße Blutkörperchen beispielsweise zeigen ganz ähnliche Strukturen. Daher mag diese Einteilung nicht ein natürliches System widerspiegeln. Die Amöben, die man normalerweise in der freien Natur antrifft, werden in zwei große Gruppen unterteilt, und zwar in solche, die Skelettelemente in den Pseudopodien aufweisen (= Actinopoda), und solche ohne derartige Strukturen in den Pseudopodien (= Rhizopoda). Zu den Rhizopoda gehört *Amoeba proteus.*

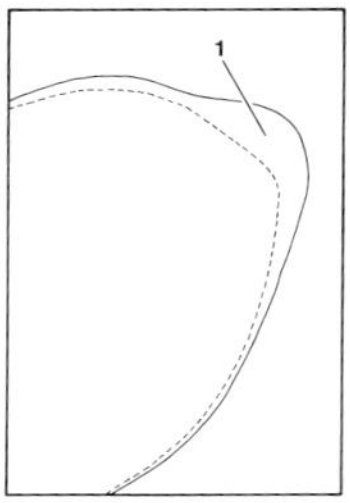

Amoeba. Ganze Zelle. Differential-Interferenzkontrast. Vergr. 200:1 (oben links) Dieses Bild zeigt die typische Erscheinungsform einer aktiven Zelle. Der Organismus ist sehr flexibel und kann daher ganz verschiedene Gestalt annehmen. Ungeachtet dessen kann man jedoch wegen der zahlreichen abgerundeten Pseudopodien (*1*), die sich in Bewegungsrichtung erstrecken, wegen der Größe des Organismus (ungewöhnlich groß für Amöben) und wegen der Form des Uroids (= Hinterende, *2*) diesen Einzeller als *Amoeba proteus* identifizieren. Das Cytoplasma glitzert auf Grund zahlreicher lichtbrechender Lipidtropfen und Kristalle, die mit dem Cytoplasma, das während der Fortbewegung heftig in Richtung zum Zellvorderpol strömt, mitbewegt werden. Der Kern (*3*) liegt hier im Zentrum der Zelle. Man kann granuläres Endoplasma (*4*) von hyalinem Ektoplasma (*5*) unterscheiden. Aufnahme N. Hülsmann, Bochum

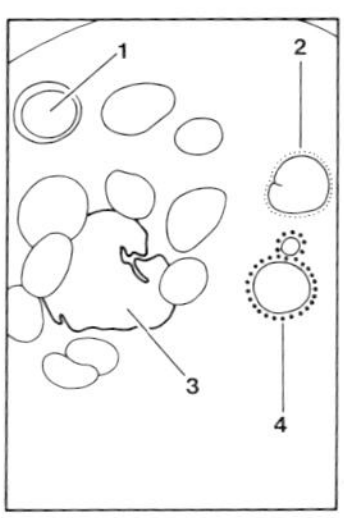

Amoeba. Hyaline Kappe. Phasenkontrast. Vergr. 450:1 (oben rechts)
An der Vorderfront eines jeden aktiven Pseudopodiums kann man eine klare, durchsichtige Zone (= hyaline Kappe, *1*) erkennen. Man nimmt an, daß diese Zone in engem Zusammenhang mit den molekularen Vorgängen steht, die die eigentliche Grundlage für die Fortbewegung dieser Zellen sind. Im Cytoplasma befinden sich eckige Kristalle und runde Lipidtropfen. Aufnahme D. J. Patterson

Amoeba. Zelleinschlüsse. Differential-Interferenzkontrast. Vergr. 450:1 (unten links)
Dieses Bild zeigt eine Zelle, kurz nachdem sie mit *Euglena* gefüttert wurde. Eine ganze Reihe dieser Flagellaten ist ingestiert worden und befindet sich nun in einer Nahrungsvakuole (*1*). Um die Nahrungsvakuole herum sind kleine Vesikel (*2*) zu sehen, bei denen es sich um Lysosomen handelt, die mit Verdauungsenzymen gefüllt sind. Wenn diese Vesikel mit der Nahrungsvakuole fusionieren, werden die Verdauungsenzyme freigesetzt, und die Nahrung kann abgebaut werden. Amöben können verschiedene Nahrung aufnehmen, beispielsweise Bakterien, Algen, Protisten und sogar kleine Metazoen. In diesem Bild erkennt man weiterhin den stark eingebuchteten Kern (*3*). Schließlich sind noch zwei Vakuolen des Kontraktile-Vakuole-Komplexes dargestellt. Aufnahme D. J. Patterson

Amoeba. Uroid. Phasenkontrast. Vergr. 700:1 (unten rechts)
Normalerweise haben sich fortbewegende Amöben ein Uroid, das in seiner Gestalt von der Struktur des übrigen Zellkörpers abweicht. Die Form des Uroids zeigt bei den verschiedenen Amöbenarten weitreichende Unterschiede. Das hier dargestellte Erscheinungsbild ist typisch für *Amoeba proteus*. Aufnahme D. J. Patterson

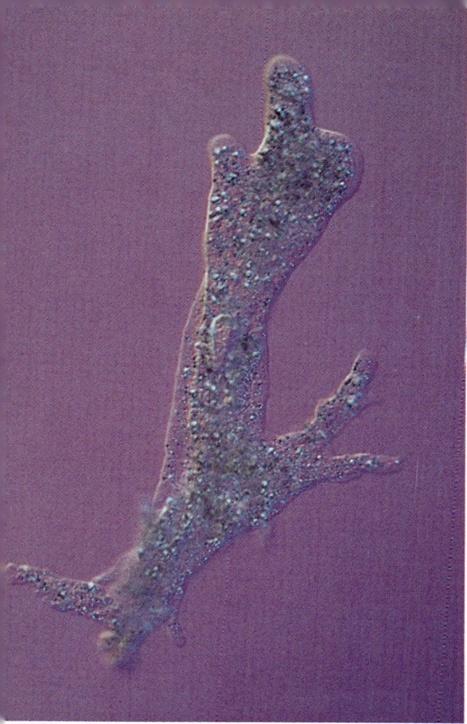

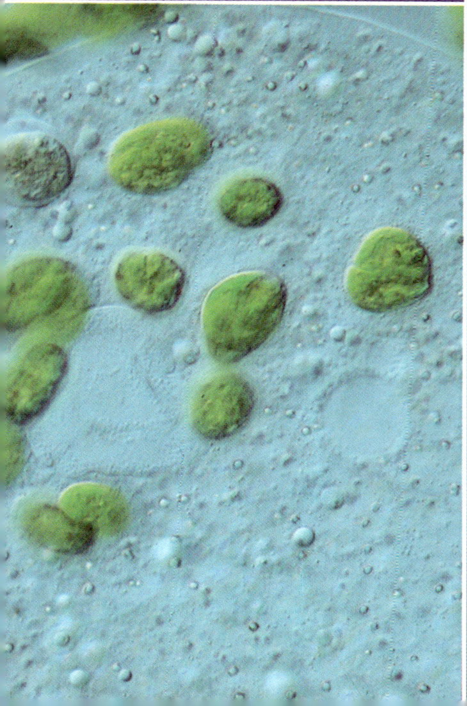
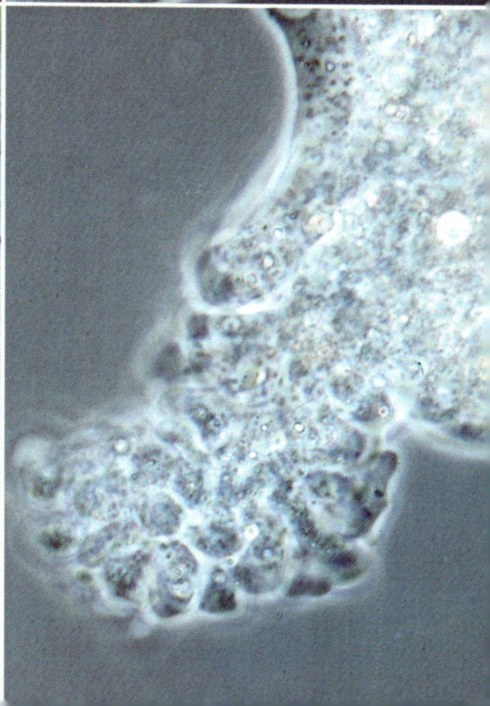

Unbeschalte lobose Amöben

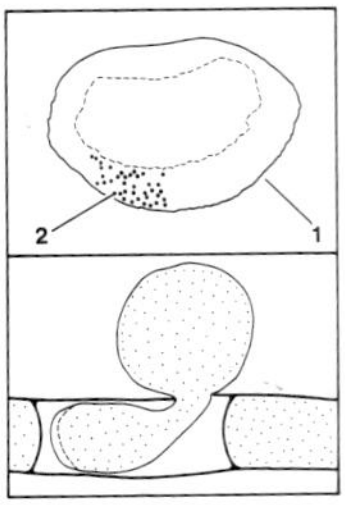

Die Mehrzahl der in der Natur gefundenen Amöben hat lobose (= lappenförmige) Pseudopodien. Die unbeschalten Formen sind häufig schwierig zu bestimmen, da selbst ein und dasselbe Individuum ganz unterschiedliche Gestalt annehmen kann. In den folgenden Abbildungen wurde versucht, möglichst unterschiedliche Formen darzustellen, um die Identifizierung der verschiedenen Amöben etwas zu erleichtern.

Hyalodiscus. Differential-Interferenzkontrast. Vergr. 670:1 (oben links, oberes Bild)
Diese Amöbe ist typischerweise ziemlich flach und besitzt ein großes, breites Pseudopodium (*1*), von dem aus sich kleinere Pseudopodien nach oben hin erstrecken (*2*). Aufnahme N. Hülsmann, Bochum

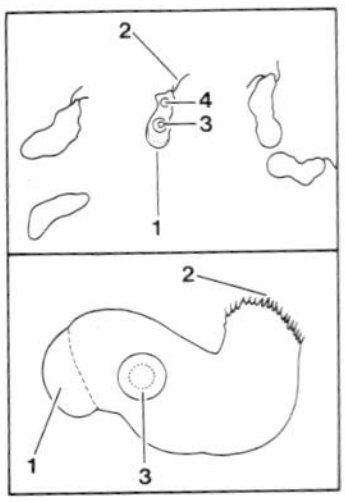

Hyalodiscus. Differential-Interferenzkontrast. Vergr. 350:1 (oben links, unteres Bild)
In dieser Abbildung erkennt man die gleiche Amöbe wie im Bild darüber, die in eine Zelle einer fädigen Grünalge eingedrungen ist und bereits deren Inhalt teilweise ingestiert hat. Solch außergewöhnliche Ernährungsweisen können gute Bestimmungshilfen sein. Aufnahme N. Hülsmann, Bochum

Naegleria. Differential-Interferenzkontrast. Vergr. 750:1 (oben rechts, oberes Bild)
Naeglerien sind kleine Bodenamöben, die ein Lobopodium (*1*) aufweisen. Unter bestimmten Umständen können diese Organismen Flagellen (*2*) ausbilden. Der Kern (*3*) liegt ungefähr im Zentrum der Zelle, die kontraktile Vakuole (*4*) mehr im Uroidbereich. Es gibt *Naegleria*-Arten, die für den Menschen im höchsten Maße pathogen sein können. Gelangen derartige Formen in den Körper, so hat das innerhalb von einer Woche den Tod des Befallenen zur Folge, da diese Amöben das Gehirn zerstören. Man kennt bislang keine wirksame Bekämpfung. Aufnahme D. J. Patterson

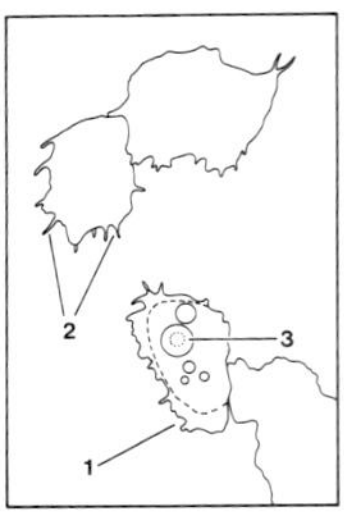

Vahlkampfia. Differential-Interferenzkontrast. Vergr. 550:1 (oben rechts, unteres Bild)
Wie die vorhergehenden Arten ist auch diese Amöbe monopodial. Die Zelle verhält sich sozusagen wie ein einziges Pseudopodium, ganz im Gegensatz zu *Amoeba proteus* (Seite 25). Am Vorderende der Zelle kann man die hyaline Kappe (*1*) erkennen, die leicht granulär erscheint. Das Uroid (*2*) ist durch feine, fadenförmige Ausläufer gekennzeichnet. Ein großer Zellkern mit einem auffälligen Nucleolus (*3*) liegt im vorderen Drittel der Zelle. Aufnahme K. Hausmann

Acanthamoeba. Differential-Interferenzkontrast. Vergr. 1000:1 (unten links)
Dieser Organismus gilt als das am häufigsten im Erdboden vorkommende Protozoon. Von dem breiten Pseudopodium (*1*) gehen feine Subpseudopodien (*2*) aus; hiervon erhielt der Organismus seinen Namen (Stachelamöbe). Im Zellkern ist der Nucleolus zu erkennen (*3*). Diese Amöben können, wie viele Erdbodenorganismen, Cysten bilden. Aufnahme K. Hausmann

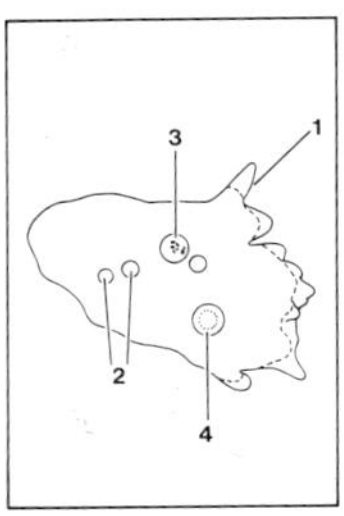

Mayorella. Differential-Interferenzkontrast. Vergr. 500:1 (unten rechts)
Mayorella ist eine häufige Süßwasseramöbe, die mehr konische als lobose Pseudopodien (*1*) ausbildet. Sie ist darüber hinaus polypodial. Das Hinterende des Tieres ist leicht auszumachen, obgleich ein ausgeprägtes Uroid fehlt. Gewöhnlich finden sich mehrere kontraktile Vakuolen (*2*) in einer Zelle. Man kann sie leicht von Nahrungsvakuolen (*3*) unterscheiden, da sie leer aussehen und periodisch kontrahieren. Zwischen den Vakuolen ist der Zellkern (*4*) sichtbar. Aufnahme D. J. Patterson

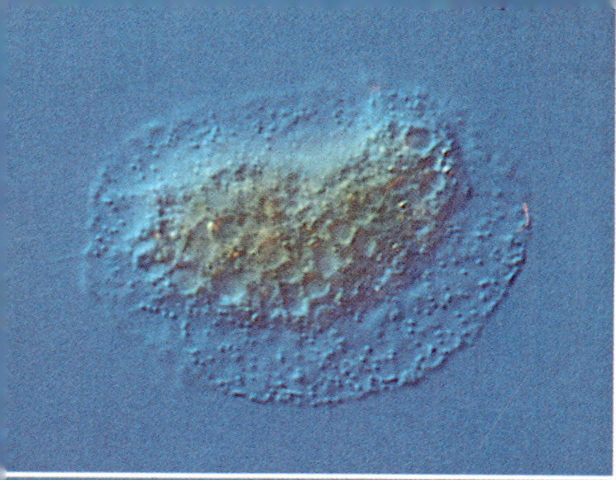
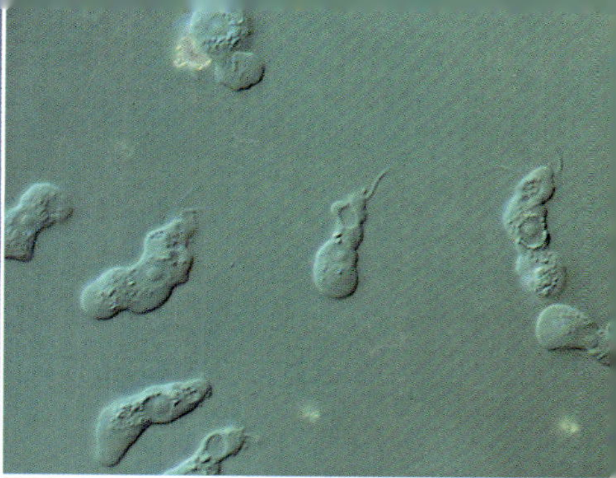
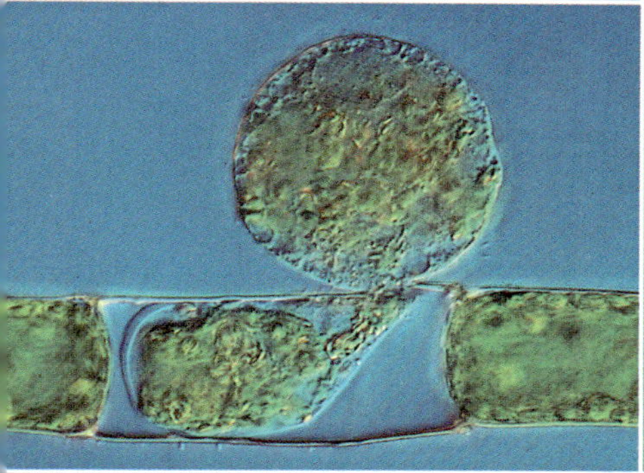
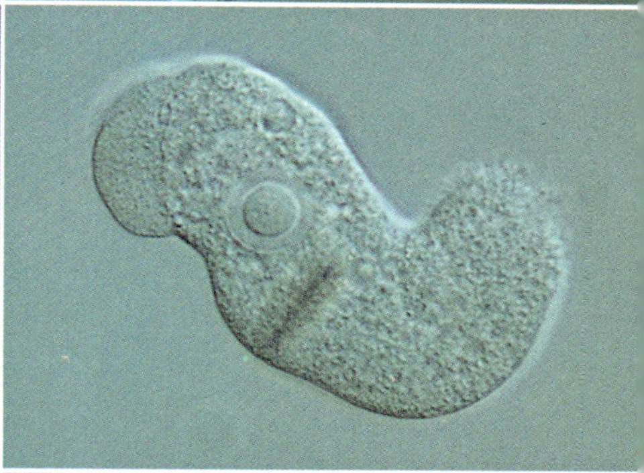
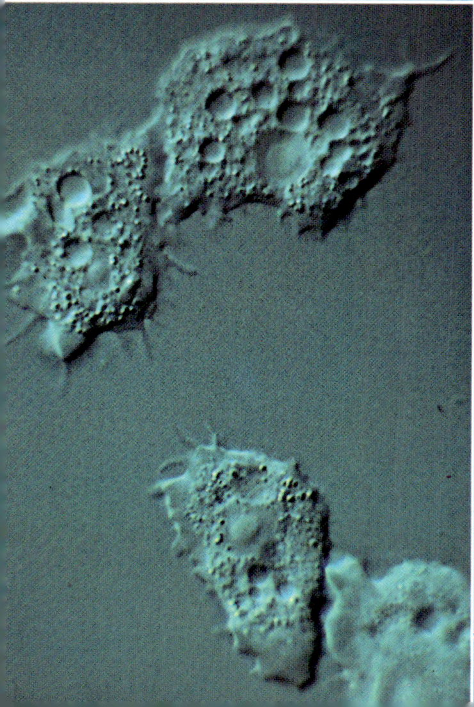
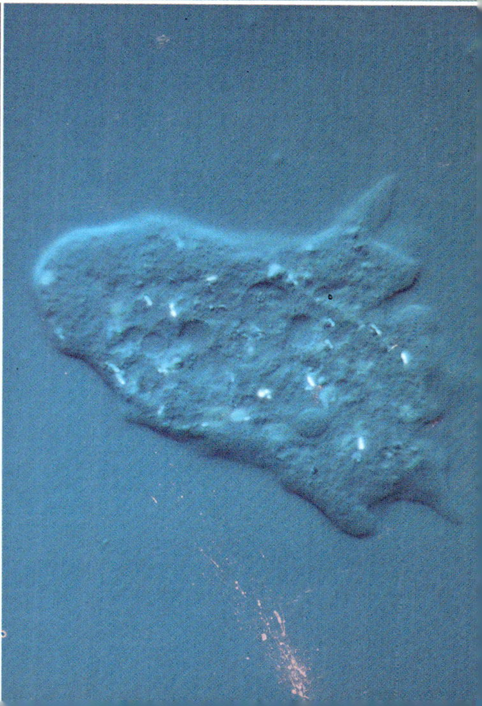

Filose Amöben

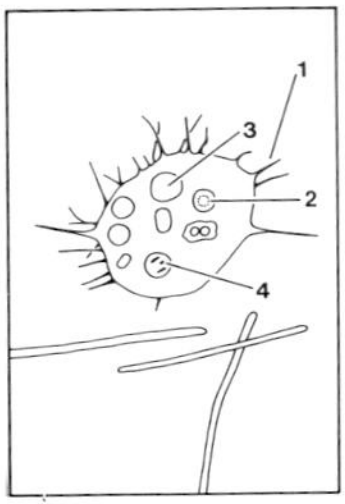

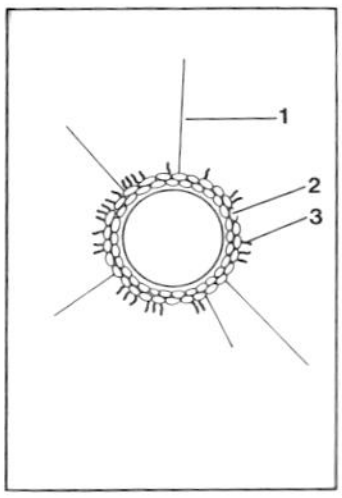

Seltener als die lobosen Amöben findet man in freier Natur solche Formen, die durch dünne, fadenförmige Pseudopodien (= Filopodien) gekennzeichnet sind und daher filose Amöben genannt werden. Einige besitzen dünne Pseudopodien, die strahlenförmig vom Zellkörper abstehen und diesen Organismen das Aussehen von Heliozoen (Sonnentierchen) verleihen. Diese „Pseudoheliozoen" können von den „echten" Heliozoen durch das Fehlen von Skelettelementen in den Pseudopodien unterschieden werden.

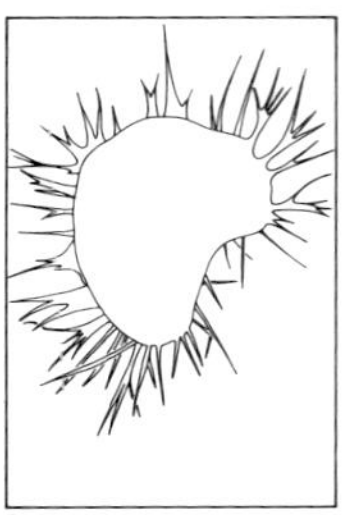

Nuclearia. Phasenkontrast. Vergr. 500:1 (oben links)
Diese Amöben sind, wenn sie Kontakt mit dem Untergrund haben, in der Regel stark abgeplattet. Dünne Pseudopodien (*1*) finden sich hauptsächlich an der Vorderfront der Zelle, während kurze Pseudopodien, die wieder eingezogen werden, vorwiegend am Uroid auftreten. Man erkennt innerhalb der Zelle einen Kern (*2*), einige kontraktile Vakuolen (*3*) und eine Reihe von Nahrungsvakuolen (*4*). Aufnahme D. J. Patterson

Pompholyxophrys. Phasenkontrast. Vergr. 720:1 (oben rechts)
Dieser Organismus ist auf Grund seiner runden Gestalt und der strahlenförmig angeordneten Pseudopodien (*1*) ein ganz typisches Pseudoheliozoon. Die Pseudopodien können verbogen, ausgefahren und wieder zurückgezogen werden. Speziell ihre Flexibilität ist ein Kriterium dafür, daß es sich bei diesen Organismen in der Tat um Pseudoheliozoen handelt. *Pompholyxophrys* ist von kleinen Kieselsäureperlen (*2*) umgeben, denen in diesem Bild Bakterien aufsitzen (*3*). Aufnahme D. J. Patterson

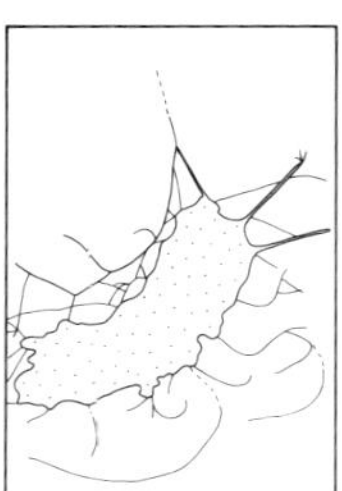

Vampyrella. Differential-Interferenzkontrast. Vergr. 550:1 (unten links)
Organismen, die zu dieser Gattung gehören, erinnern insofern an Nuclearia (Bild oben links), als sie stark abgeflacht sind und dünne Pseudopodien ausbilden. Diese Formen sind jedoch darauf spezialisiert, die Zellwände filamentöser Grünalgen zu durchdringen und deren Protoplasten zu phagocytieren (siehe Seite 25). Aufnahme N. Hülsmann, Bochum

Biomyxa. Differential-Interferenzkontrast. Vergr. 400:1 (unten rechts)
Diese Einzeller sind dadurch gekennzeichnet, daß sie dünne Pseudopodien besitzen, die sich verzweigen und wieder vereinigen können, so daß ein netzförmiges Reticulopodium entsteht. Diese Organisationsform der Pseudopodien findet bei den Foraminiferen eine erheblich weitere Verbreitung (siehe Seite 32). Aufnahme D. J. Patterson

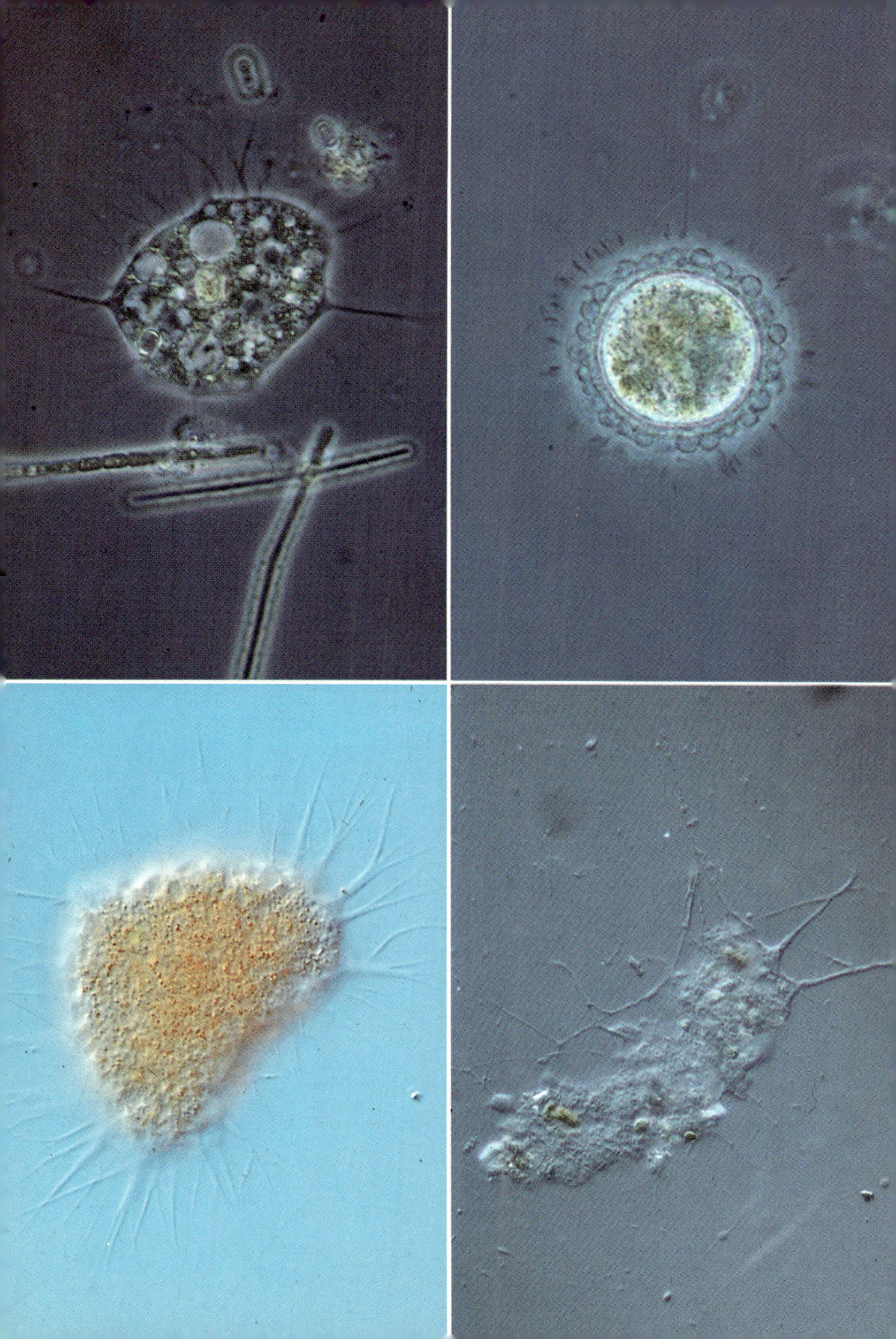

Beschalte Amöben

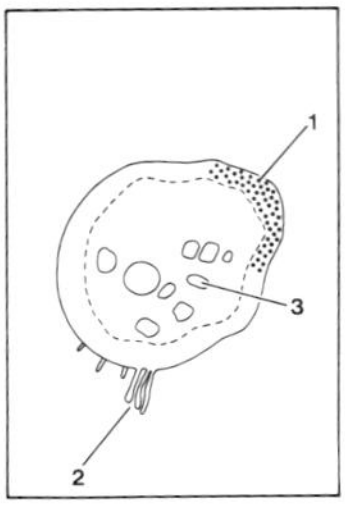

Beschalte Amöben sind in einigen speziellen Lebensräumen sehr zahlreich anzutreffen, vorwiegend in Moosen und Böden. Die Schalen mögen vor Austrocknung schützen, können aber auch als besonders wirksamer mechanischer Schutz angesehen werden, wenn sich die Amöben in dem dünnen Wasserfilm, der Moosblätter und Bodenpartikel überzieht, vorwärts bewegen. Man findet beschalte Amöben allerdings auch in anderen feuchten Lebensräumen, wo es dieses Problem nicht mehr gibt. Sowohl lobose als auch filose Amöben können Schalen ausbilden. Die Schalen können aus verschiedenen Materialien zusammengesetzt sein, angefangen bei einfachen organischen Hüllen über Schalen aus regelmäßig strukturierten, selbstgebildeten Schuppen organischer Natur bis hin zu komplizierten Gebilden aus organischem Material, in das anorganische Partikel aus dem umgebenden Medium eingelagert sind.

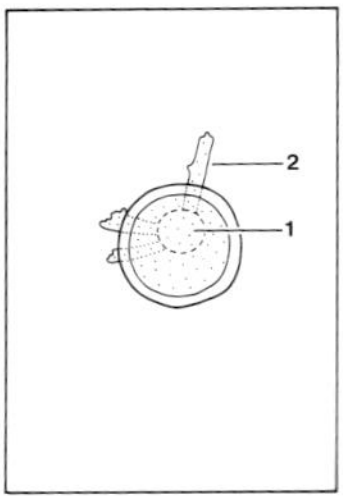

Cochliopodium. Phasenkontrast. Vergr. 1000:1 (oben links)
Diese Formen werden als beschalte Amöben eingestuft, obgleich sie eigentlich mehr als unbeschalte Amöben angesehen werden sollten, die auf der Dorsalseite von einer Lage Schuppen bedeckt sind. Die Schuppen (*1*) sind recht klein und häufig schwer zu erkennen. Dünne Pseudopodien und das Uroid (*2*) sind am Rand sichtbar. Die Schuppen kleinerer Vertreter dieser Gruppe können lichtmikroskopisch nicht dargestellt werden. Ein weiteres Charakteristikum dieser Gattung sind bipyramidale Kristalle (*3*) im Cytoplasma. Aufnahme D. J. Patterson

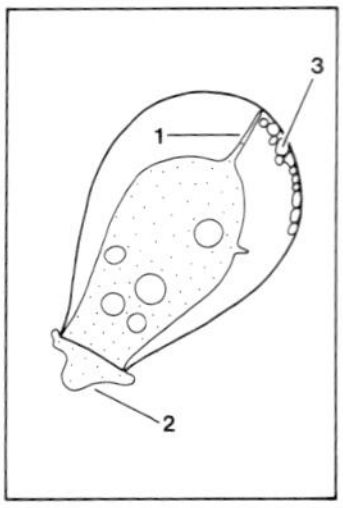

Centropyxis. Differential-Interferenzkontrast. Vergr. 550:1 (oben rechts)
Diese lobosen Amöben haben eine organische Schale mit einer breiten Öffnung auf der abgeflachten Ventralseite (*1*). Auf der Dorsalseite gibt es oft Stacheln, die durch ihre artspezifische Ausformung und Anordnung als Bestimmungskriterien herangezogen werden können. Die Pseudopodien (*2*) treten aus der Schalenöffnung heraus. Die Braunfärbung der Schale beruht auf dem Einbau von Metallionen aus dem umgebenden Medium. Zusätzlich kann der Außenseite der Schale anorganisches Material anhaften. Aufnahme K. Hausmann

Nebela. Differential-Interferenzkontrast. Vergr. 470:1 (unten links)
Die Schalen dieser Amöben sind glockenförmig. Man kann Pseudopodien erkennen, die den Organismus an der Innenseite der Schale festheften (*1*), und solche, die aus der Schalenöffnung nach außen herausragen und zur Fortbewegung und zum Nahrungserwerb dienen (*2*). Die Schalen bestehen aus Schuppen (*3*), die durch eine organische Matrix zusammengehalten werden. Aufnahme D. J. Patterson

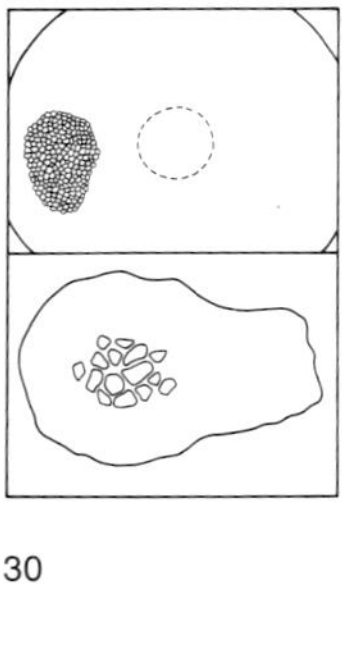

Arcella. Differential-Interferenzkontrast. Vergr. 750:1 (unten rechts, oberes Bild)
Die Schale von Arcella besteht aus organischem Material, das innerhalb der Zelle synthetisiert und dann nach außen abgeschieden wird, wobei die typische Bienenwabenstruktur entsteht. Aufnahme D. J. Patterson

Difflugia. Hellfeld. Vergr. 200:1 (unten rechts, unteres Bild)
Diese Arten besitzen Schalen, in die Fremdmaterial (hier Sandkörner) aus dem umgebenden Medium eingebaut sind. Es können oft auch Bruchstücke von Diatomeen gefunden werden. Aufnahme D. J. Patterson

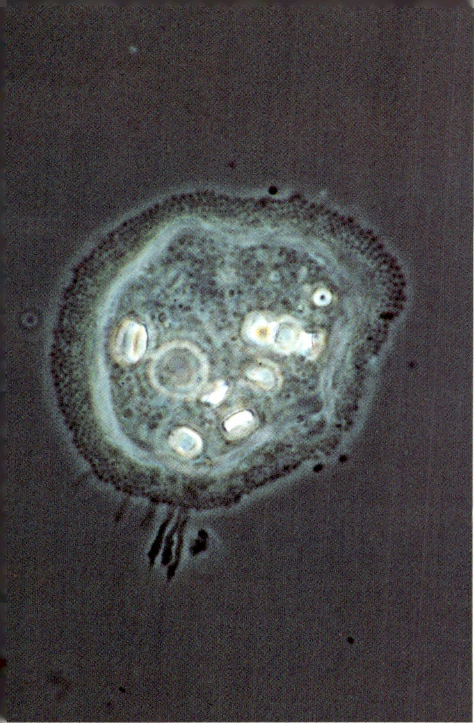

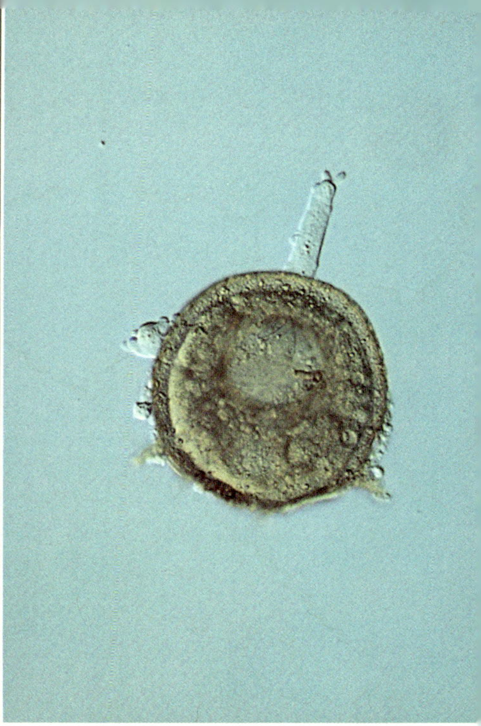

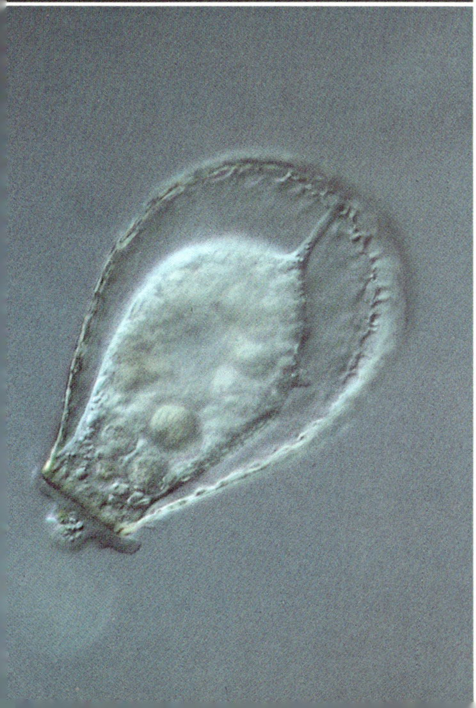

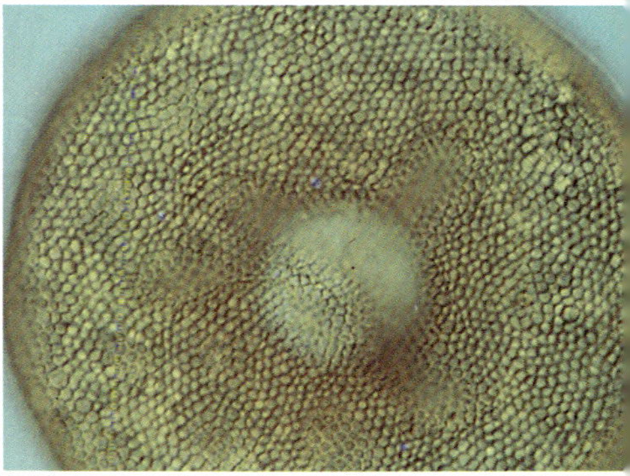

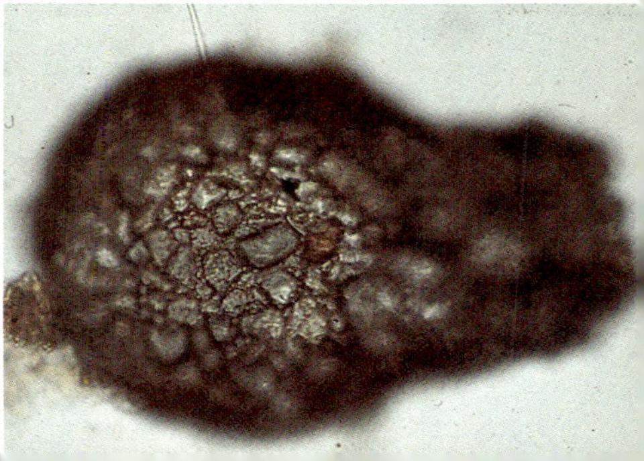

Foraminiferen

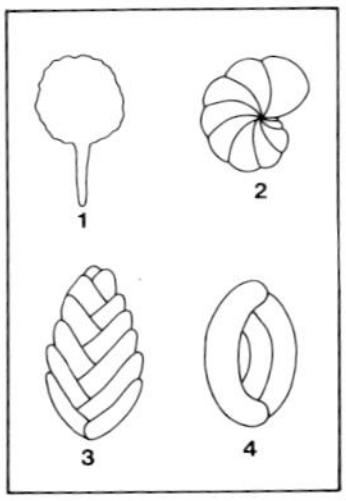

Die Foraminiferen stellen eine Gruppe mit sehr verschiedenen, jedoch ausschließlich marinen Einzellern dar. Manche von ihnen können ausgesprochen groß werden (1 cm und größer). Sie kommen sowohl in benthischen als auch in planktischen Lebensräumen vor. Die Organismen, die in Schalen leben, werden zu den Amöben gezählt. Die Schalen können aus organischem Material, aus Silicium oder Kalk oder auch einfach aus Partikeln der Umgebung, die von der Zelle miteinander verklebt werden, bestehen. Die planktischen Foraminiferen sind an manchen Stellen so zahlreich, daß sie eine bedeutsame Rolle in den Nahrungsketten der ozeanischen Ökosysteme spielen. Nicht nur als Beuteorganismen für andere Lebewesen sind sie wichtig, sondern auch dadurch, daß sie zahlreiche symbiontische Algen beherbergen können und somit beträchtlich zur Primärproduktion im Meer beitragen. Die Schalen sind bei der Erdölsuche von Wichtigkeit, da bestimmte Schalen in bestimmten Erdschichten vorkommen und damit bestimmten Erdzeitaltern zugeordnet werden können (Biostratigraphie).

Foraminiferenschalen. Vergr. 20:1 (oben)
Dieses Makrofoto zeigt eine Auswahl von Foraminiferenschalen, die aus dem Küstenbenthos stammen. Die vielen verschiedenen Formen lassen sich auf wenige Grundtypen zurückführen. Die Schalen der Monothalamia bestehen aus nur einer Kammer (*1*), wohingegen die Polythalamia aus mehreren Kammern zusammengesetzt sind (*2, 3, 4*). Bei den Polythalamiern stehen die Kammern über Poren, durch die Plasmafortsätze der Zelle verlaufen, miteinander in Verbindung. Die große Verschiedenheit der Polythalamier beruht hauptsächlich auf der unterschiedlichen Anordnung der Kammern. Sind die Kammern zu einer Spirale aufgewunden, spricht man vom Rotalia-Typ (*2*). Ist die Spirale in einer Ebene angeordnet, nennt man die Schale planspiral; ist sie schraubenförmig angeordnet, heißt sie trochospiral. Bei manchen Formen sind die Kammern zopfartig in zwei oder drei Reihen angeordnet (*3*): Textularia-Typ. Schließlich kennt man noch Arten, bei denen von innen nach außen die Kammern in mehr oder weniger stark ausgeprägten konzentrischen Kreisen aneinandergefügt sind (*4*): Planorbulina-Typ. Die Formenmannigfaltigkeit wird durch unterschiedlich große Kammern, komplizierte Porenkanalsysteme sowie durch Modifizierung der Oberflächenstruktur (Stacheln, Leisten, Zähne etc.) noch wesentlich gesteigert. Aufnahme M. P. Kage, Schloß Weißenstein

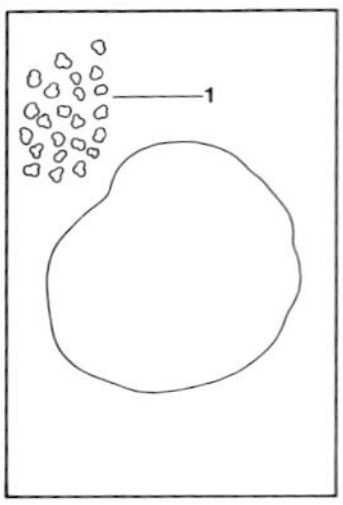

Amphistegina. Dunkelfeld. Vergr. 25:1 (unten links)
Simultane Vielteilungen gehören zum Entwicklungsgang der Foraminiferen. Der Teilung des Cytoplasmas gehen die Kernteilungen voraus. Bei *Amphistegina* werden die Tochterindividuen außerhalb des mütterlichen Gehäuses gebildet. Das mütterliche Cytoplasma fließt hierfür aus dem Gehäuse heraus. Kurze Zeit später hat sich das Cytoplasma in mehrere hundert Tochterindividuen aufgeteilt (*1*). Diese bilden noch am ersten Lebenstag eine zweite und am zweiten Lebenstag eine dritte Kammer. Die zurückbleibenden toten mütterlichen Kalkgehäuse werden Bestandteile des Meeressandes. Aufnahme R. Röttger, Kiel

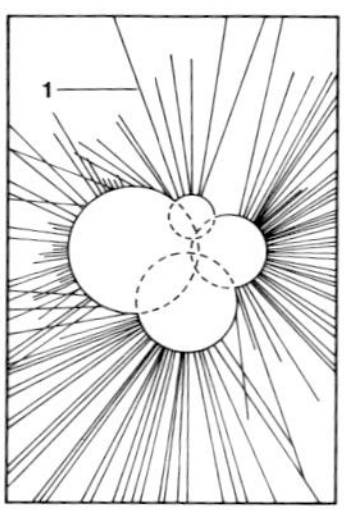

Globerigina. Differential-Interferenzkontrast. Vergr. 200:1 (unten rechts)
Globeriginen sind häufig vorkommende planktische Foraminiferen. Das kontinuierliche Absinken toter Organismen auf den Meeresboden verursacht beträchtliche Ablagerungen, die als Foraminiferenschlamm bezeichnet werden. In vielerlei Hinsicht ähneln die Globeriginen den Radiolarien. Dies liegt aber wohl eher an ähnlichen Umweltbedingungen als an verwandtschaftlichen Beziehungen. Die Schalen sind rund. Steife Spiculae (*1*) gehen von ihnen aus, die dem Organismus als Schwebefortsätze dienen. Die Pseudopodien (hier nicht sichtbar) ragen über die Spiculae hinaus, um Nahrung aufnehmen zu können. Aufnahme M. P. Kage, Schloß Weißenstein

Heliozoen

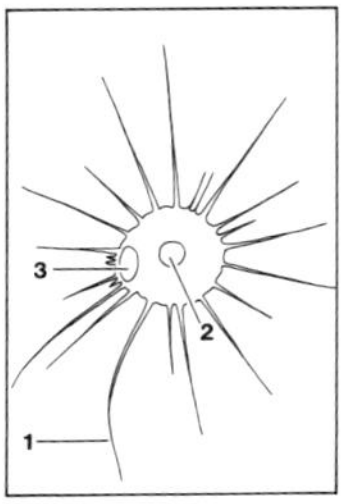

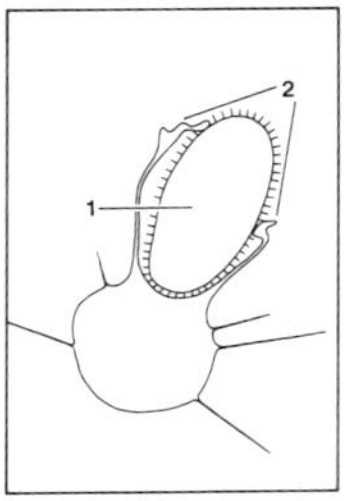

Die zweite Gruppe der amöboiden Einzeller sind die Actinopoden mit internen Skelettstrukturen in den Pseudopodien. Dadurch sind diese Pseudopodien (= Axopodien) versteift und stehen strahlenförmig von der Zelloberfläche ab. Die einfachsten Formen sind die Heliozoen (Sonnentierchen), die im Meer- wie im Süßwasser anzutreffen sind. Diese Organismen können andere Protisten oder auch kleine Metazoen fangen und fressen.

Actinophrys. Differential-Interferenzkontrast. Vergr. 400 :1 (oben links)
Dieser Organismus repräsentiert die eine große Gruppe der Heliozoen, die Actinophryiden (siehe Centroheliden, Bild unten rechts). *Actinophrys* hat relativ dicke Axopodien (*1*), die, wie man bei sorgfältiger Beobachtung erkennt, vom Kern (*2*) ausgehen. Die kontraktile Vakuole (*3*) liegt an der Zellperipherie. Aufnahme D. J. Patterson

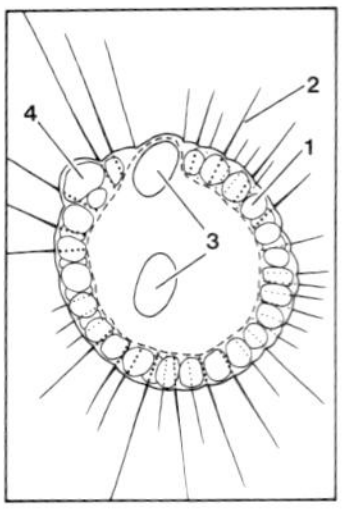

Actinophrys. Fressend. Differential-Interferenzkontrast. Vergr. 450 :1 (oben rechts)
Heliozoen ernähren sich von einer ganzen Reihe ein- und vielzelliger Organismen. In diesem Fall frißt *Actinophrys* den Ciliaten *Colpidium* (*1*). Die Zelloberfläche (inklusive der Axopodien) ist mit kleinen Partikeln besetzt, die beim Beutefang und bei der Ausbildung der Nahrungsvakuole eine wichtige Rolle spielen. Die Beute wird zuerst an der (wahrscheinlich klebrigen) Zelloberfläche von *Actinophrys* festgeheftet und dann langsam ingestiert, indem ein großes, trichterförmiges Pseudopodium (*2*) um die Nahrung ausgebildet wird. Häufig fressen mehrere *Actinophrys*-Zellen am gleichen Beuteorganismus. Aufnahme D. J. Patterson

Echinosphaerium. Differential-Interferenzkontrast. Vergr. 185 :1 (unten links)
Dieses Heliozoon ist mit *Actinophrys* eng verwandt, aber bedeutend größer. Es gibt in diesen Einzellern zahlreiche Kerne, die mehr oder weniger deutlich in einer Lage dicht unter einer Schicht großer, peripherer Vakuolen (*1*) angeordnet sind. Die meisten Axopodien (*2*) nehmen ihren Ursprung von diesen Kernen aus. Der hier abgebildete Organismus hat einige Rotatorien (*3*) gefressen. Die kontraktile Vakuole (*4*) befindet sich in der Zellperipherie. Aufnahme D. J. Patterson

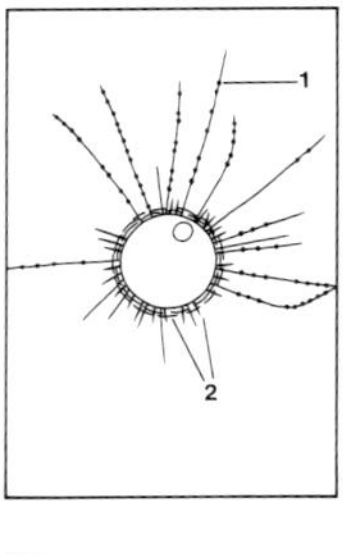

Acanthocystis. Differential-Interferenzkontrast. Vergr. 1200 :1 (unten rechts)
Die zweite Organisationsform der Heliozoen, die Centroheliden, wird hier durch *Acanthocystis* dokumentiert. Die Axopodien sind erheblich dünner als bei den Actinophryiden. Weil die Arme so dünn sind, treten die Partikel, die beim Beuteerwerb eingesetzt werden, hier deutlicher hervor (*1*). Die Axopodien nehmen ihren Ursprung nicht von der Kernhülle, sondern von einem sogenannten Centroplasten, der in der Zellmitte liegt. Der Kern ist daher exzentrisch angeordnet. Die Oberfläche der Centroheliden ist oft mit Schuppen oder Stacheln besetzt. In der hier gezeigten Art sind beide Strukturen zu sehen (*2*). Aufnahme K. Hausmann

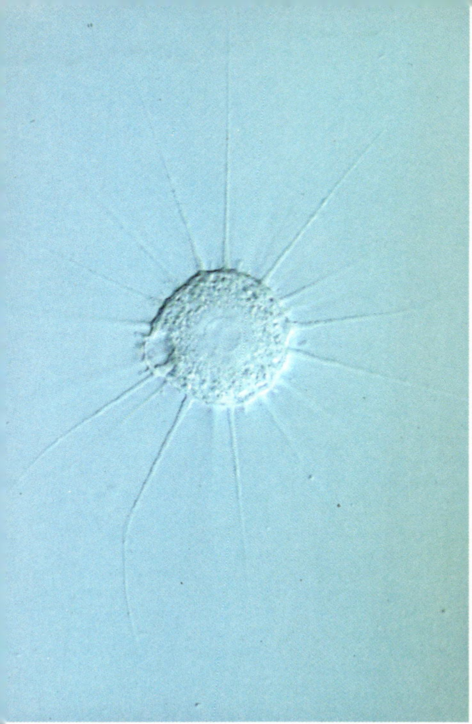
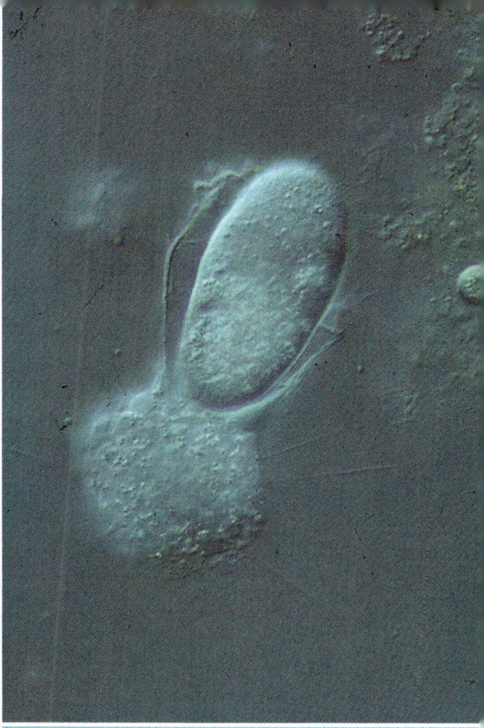
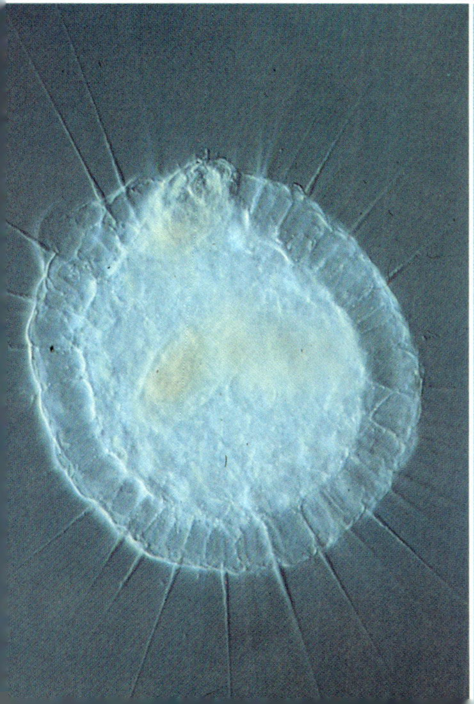
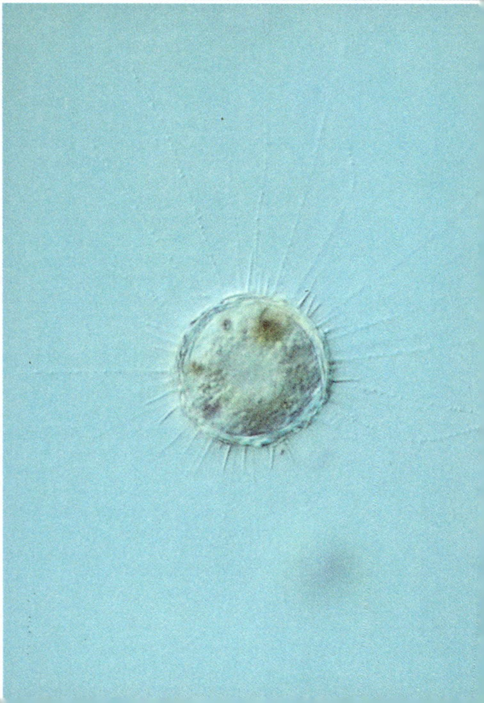

Radiolarien

Der Begriff „Radiolarien" wird für mehrere unterschiedliche Arten großer, oft radiärsymmetrischer Protisten verwendet, die ein Innenskelett haben. Genannt seien die Organismen, die heute als Polycystiniden, Phaeodaria und Acantharia bezeichnet werden; bisweilen wurden sogar einige Foraminiferen miteinbezogen. Die ersten beiden Gruppen (Polycystiniden, Phaeodaria) bilden ein Skelett aus siliciumhaltigem Material. Dieses ist sehr haltbar. Daher gibt es viele Fossilienfunde, die, ähnlich wie die fossilen Foraminiferen, für biostratigraphische Untersuchungen verwendet werden. Wie die Foraminiferen können auch die Radiolarien in so großen Mengen auftreten, daß sie wichtige Bestandteile der Nahrungskette darstellen. Symbiosen mit Algen können auch hier beobachtet werden. Die Silikatskelette mancher Arten sind außergewöhnlich schön und können als wunderbare Kunstwerke der Natur empfunden werden (HAECKEL, 1904: Kunstformen der Natur).

Polycystinidenskelette. Differential-Interferenzkontrast. Vergr. 100:1 (oben)
Typisch für polycystinide Radiolarien ist ein einteiliges, jedoch perforiertes Silikatskelett, das entweder eine radiäre (Spumelariden) oder eine konische Symmetrie (Nassellariden) aufweist. Die zentrale Cytoplasmamasse, die die meisten Organellen enthält, befindet sich innerhalb des Skelettes; das Skelett ist intrazellulär. Cytoplasmafäden und Pseudopodien ziehen von der Zelloberfläche weit ins umgebende Medium hinaus. Die Aufgabe der Skelette ist nicht eindeutig klar. Möglicherweise regulieren sie die spezifische Dichte der Organismen, um damit ein Schweben zu erleichtern. Sie können aber auch Stütz- und Schutzfunktion haben. Aufnahme M. P. Kage, Schloß Weißenstein.

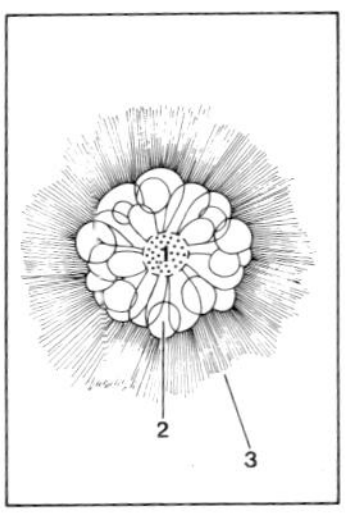

Thalassicolla. Dunkelfeld. Vergr. 20:1 (unten links)
In diesem Bild ist eine typische Spumellaride mit Radiärsymmetrie dargestellt. Der Hauptteil des Cytoplasmas und die meisten Organellen sind auf eine innere Region (*1*) beschränkt, die durch Skelettstrukturen begrenzt wird. Außerhalb liegt eine große Anzahl von Vakuolen (*2*) und zahlreiche Pseudopodien (*3*), die der Nahrungsaufnahme dienen, ziehen ins umgebende Medium. Aufnahme M. P. Kage, Schloß Weißenstein

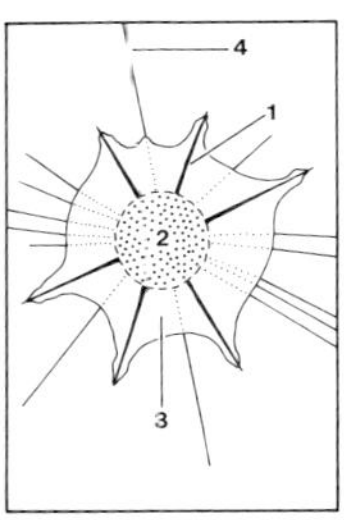

Acanthometron. Differential-Interferenzkontrast. Vergr. 50:1 (unten rechts)
Die Acantharia, zu denen *Acanthometron* gehört, unterscheiden sich von den Polycystiniden und den Phaeodariern dadurch, daß sie Strontiumsulfatskelette bauen. Normalerweise gibt es einige Spiculae (*1*), die zum Zellzentrum hinweisen. Die Spiculae sind von der Plasmamembran umgeben. Sie sind im Wasser leicht löslich. Daher gibt es von dieser Gruppe keine Fossilien. Wie bei den anderen Radiolarien befindet sich der Hauptteil des Cytoplasmas in der zentralen Region (*2*), die häufig als Kapsel bezeichnet wird. Eine stärker vakuolisierte Zone (*3*) und Axopodien (*4*) liegen außerhalb. Elastische Strukturen, als Myoneme bezeichnet, ermöglichen ein Expandieren und Kontrahieren der äußeren Cytoplasmazone und regulieren somit das Schwebeverhalten der Organismen. Aufnahme M. P. Kage, Schloß Weißenstein

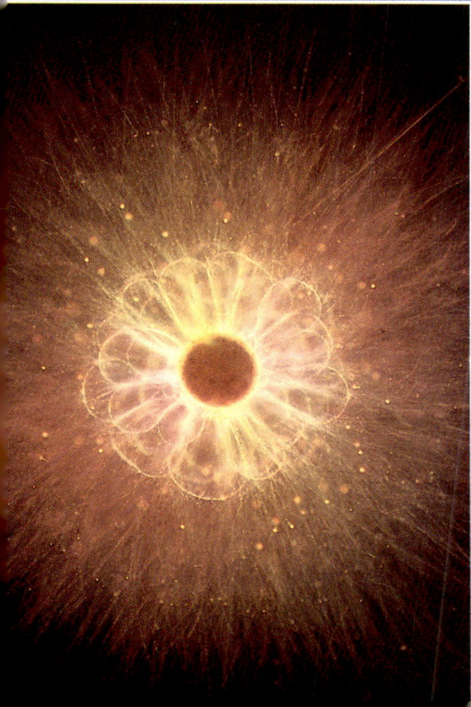
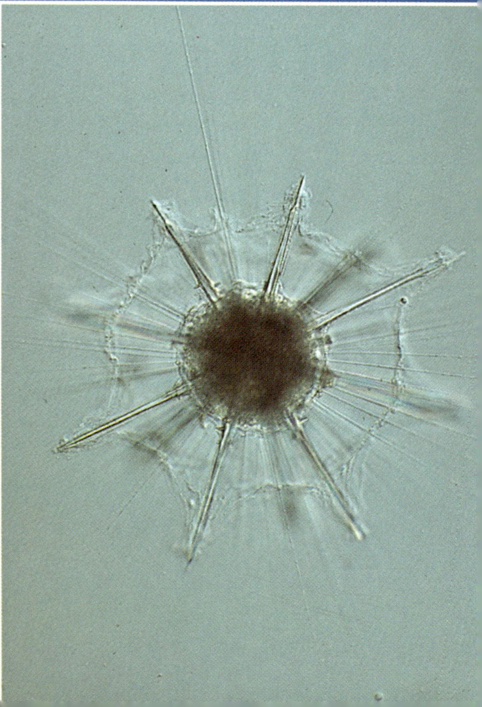

Primitive Ciliaten

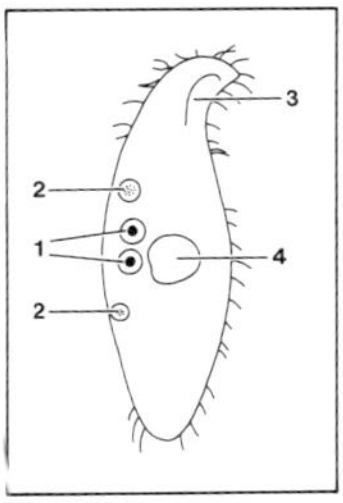

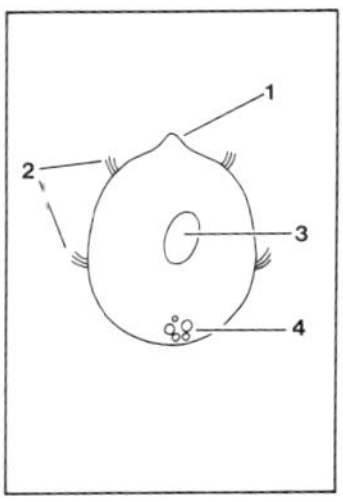

Grundsätzlich haben diese Ciliaten Mundapparate und oft zusätzliche Einrichtungen zum Beuteerwerb, zum Beispiel Toxicysten. Sehr viele Formen sind räuberisch und fressen recht große Nahrungspartikel. Andere Ciliaten besitzen auch Mundapparate, die aber durch bestimmte Cilienaggregate gekennzeichnet sind, durch deren Tätigkeit in der Regel kleine Nahrungspartikel, wie zum Beispiel Bakterien, in die Mundöffnung gestrudelt werden.

Loxodes. Phasenkontrast. Vergr. 250:1 (oben links)
Von allen Ciliaten, die in diesem Buch dargestellt sind, wird *Loxodes* als der primitivste angesehen. Man ist recht sicher, daß alle Ciliaten zwei verschiedene Arten von Kernen (Makro- und Mikronucleus) besitzen, die sich normalerweise beide teilen können. In einer Gruppe jedoch, nämlich bei den Karyorelictida, teilt sich der Makronucleus nicht, sondern es entstehen neue Makronuclei, indem sich während der Zellteilung der Mikronucleus nochmals teilt. Das eine Teilungsprodukt formt sich zum Makronucleus, das andere ist der Mikronucleus. Der größte Teil der Karyorelictiden findet sich in der Gezeitenzone der Meere. Eine Ausnahme ist die Gattung *Loxodes*, die man im Süßwasser antrifft. In der Abbildung sind die beiden Makronuclei (*1*), die für diese Ciliaten charakteristisch sind, deutlich zu erkennen. Besondere Vakuolen, in denen sich jeweils ein kugeliges Gebilde befindet, werden nach ihrem Erstbeschreiber O. F. MÜLLER (1730–1784) Müllersche Körperchen genannt (*2*). Man nimmt an, daß es sich hierbei um Schweresinnesorganellen handelt. Die Mundregion liegt seitlich am vorderen Zellpol (*3*). Nahrungsvakuolen (*4*) lassen sich leicht erkennen. Aufnahme K. Hausmann

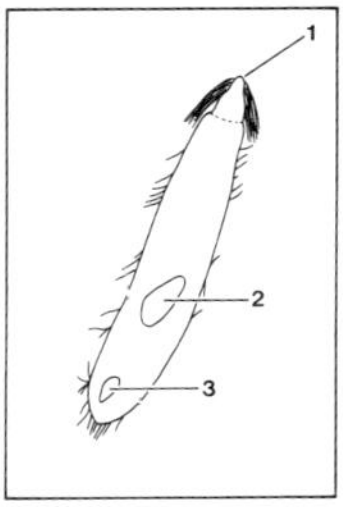

Didinium. Phasenkontrast. Vergr. 250:1 (oben rechts)
Dieser tonnenförmige Ciliat frißt besonders gerne Paramecien. In der „Nase" der Tiere (*1*) befinden sich Toxicysten, die bei Kontakt mit der Beute abgeschossen werden. Die Toxicysten erfüllen in diesem Fall zwei Aufgaben: Abtötung und Arretierung der Beute. Der Mund, der in der Nasenregion liegt, öffnet sich weit und nimmt die Nahrung auf. Die polare Position des Mundes wird als primitives Merkmal angesehen. Charakteristisch für diese Ciliatenart ist die Reduzierung der Cilien auf zwei Bänder (*2*). Im Zellinneren erkennt man den Makronucleus (*3*) und die kontraktile Vakuole (*4*). Aufnahme D. J. Patterson

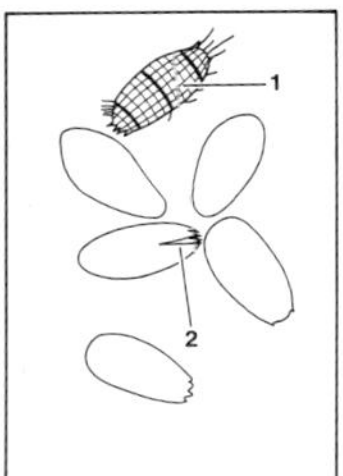

Lacrymaria. Differential-Interferenzkontrast. Vergr. 800:1 (unten links)
Die Mundregion (*1*) von *Lacrymaria* liegt am vorderen Ende eines kontraktilen Rüssels. In dieser Species ist der Rüssel recht kurz; bei anderen Arten kann er sehr lang ausgebildet sein. Es gibt zwei Makronuclei (in diesem Bild ist nur einer deutlich erkennbar, *2*) und eine kontraktile Vakuole (*3*) am Zellhinterende. Aufnahme D. J. Patterson

Coleps. Differential-Interferenzkontrast. Vergr. 550:1 (unten rechts)
Dieser tonnenförmige Ciliat hat eine regelmäßig gefelderte Oberfläche (*1*). Die Felderung kommt durch Kalkplättchen zustande, die in das Corticalplasma (= Rindenplasma) eingelagert sind. Der Mund (*2*) befindet sich am vorderen Zellpol. Aufnahme D. J. Patterson

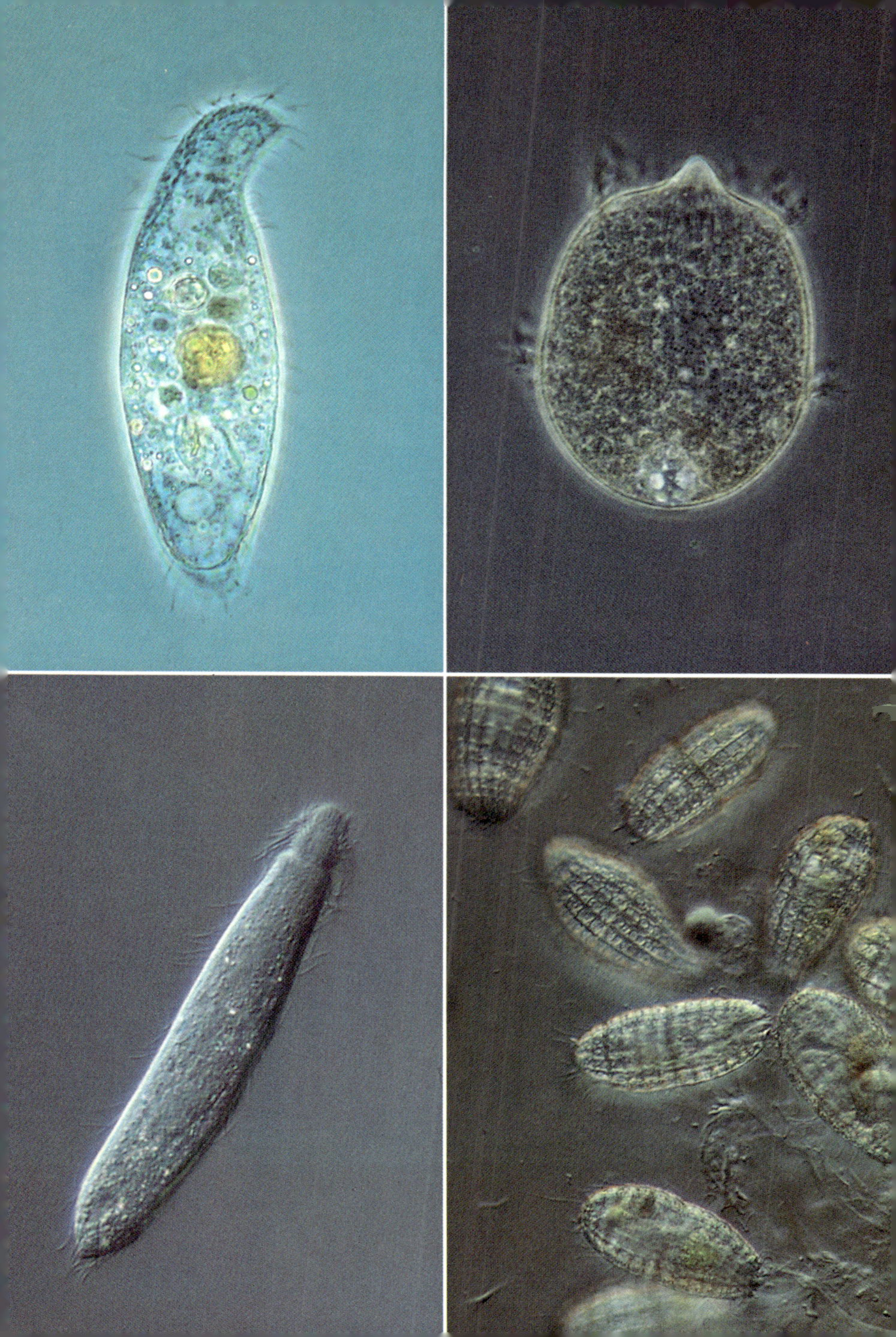

Räuberische Ciliaten

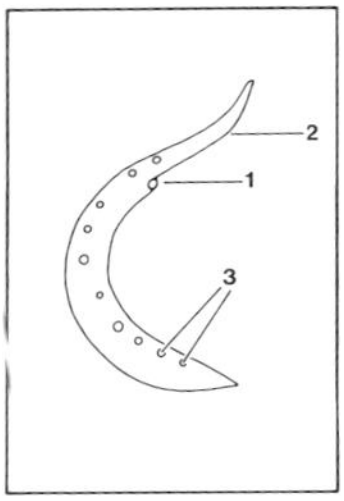

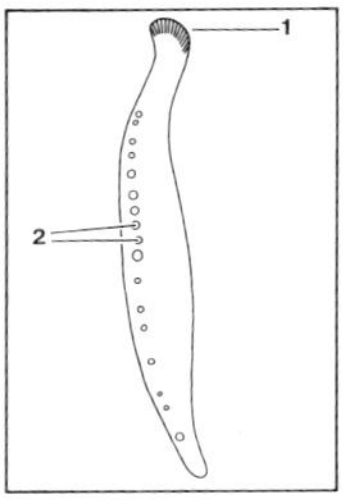

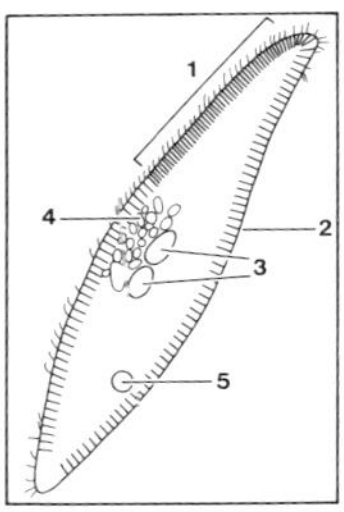

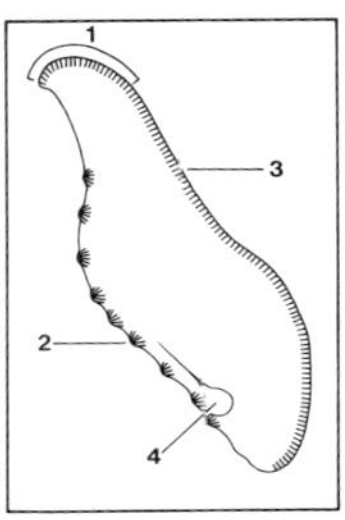

Diese Tafel zeigt weitere räuberische Ciliaten. Die Haptorinen haben eine Mundregion mehr oder weniger ausschließlich am apikalen Zellpol, wohingegen die stark abgeplatteten Pleurostomen einen schlitzförmigen Mund seitlich am Zellvorderende besitzen.

Dileptus. Differential-Interferenzkontrast. Vergr. 220:1 (oben links)
Dieser haptorine Ciliat hat einen runden Mund (*1*), der an der Basis eines langen, äußerst beweglichen Rüssels (*2*) lokalisiert ist. Der Rüssel ist – besonders an der Innenseite – mit zahlreichen Toxicysten ausgestattet, mit deren Hilfe der Ciliat Beuteorganismen immobilisieren und auch abtöten kann. Danach wird der Mund weit geöffnet und die Beute verschlungen. Über die gesamte Zellänge verteilt gibt es zahlreiche kontraktile Vakuolen (*3*). Aufnahme D. J. Patterson

Homalozoon. Phasenkontrast. Vergr. 100:1 (oben rechts)
Dieser abgeplattete, recht große, wurmförmige Ciliat ernährt sich vorwiegend von anderen Ciliaten, die mit Hilfe von Toxicysten abgetötet werden. Die Toxicysten sind rings um die Mundregion, die am Vorderpol des Tieres zu finden ist, angeordnet (*1*). Wenn die Beute abgetötet ist, schwimmt *Homalozoon* umher, bis es die Beute findet. Dann öffnet sich die Mundregion trichterförmig, und die Nahrung wird verschlungen. Wie bei *Dileptus* sind auch hier zahlreiche kontraktile Vakuolen (*2*) über die gesamte Körperlänge angeordnet. Aufnahme D. J. Patterson

Litonotus. Differential-Interferenzkontrast. Vergr. 550:1 (unten links)
Dies ist ein pleurostomer Ciliat, bei dem die Mundregion (*1*) seitlich entlang des konvexen Vorderendes gelegen ist. Man sieht in dieser Region besonders gehäuft und über die restliche Körperperipherie regelmäßig angeordnet zahlreiche Toxicysten (*2*), die zum Beutefang eingesetzt werden. Zwei Makronuclei (*3*) erkennt man in der Zellmitte zwischen Speicherstoffgranula (*4*). Eine kontraktile Vakuole (*5*) liegt im hinteren Zellbereich. Aufnahme K. Hausmann

Loxophyllum. Phasenkontrast. Vergr. 250:1 (unten rechts)
Der blattförmige Körper dieses recht großen pleurostomen Ciliaten ist sehr kontraktil. Die Mundregion (*1*) liegt wie bei *Litonotus* an der konvexen Seite seines Vorderendes. Auf der konvexen Seite sind Toxicysten in Warzen konzentriert (*2*), wohingegen sie auf der konkaven Seite gleichmäßig verteilt sind (*3*). Die im Zellhinterende gelegene kontraktile Vakuole (*4*) hat einen langen Kanal ausgebildet, der bis zum Zellvorderpol zieht. Aufnahme K. Hausmann

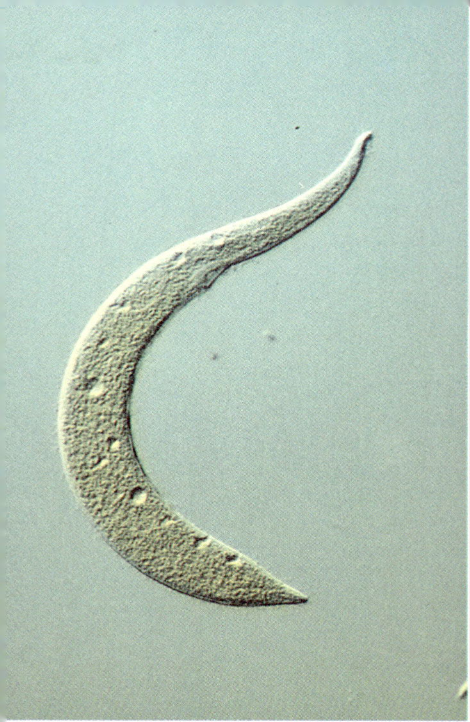
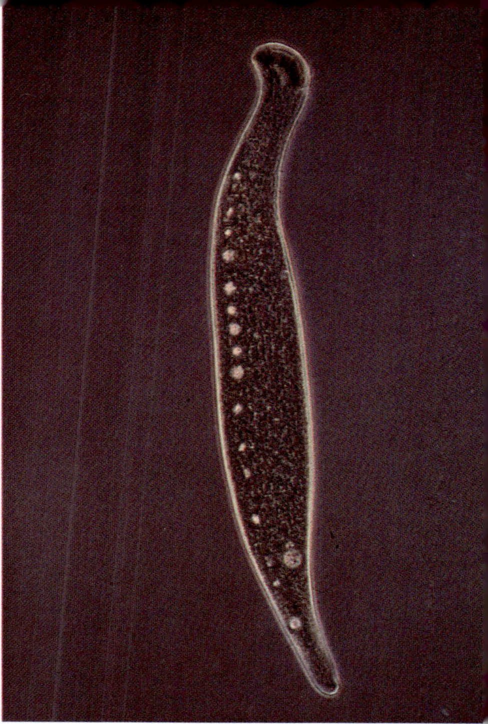
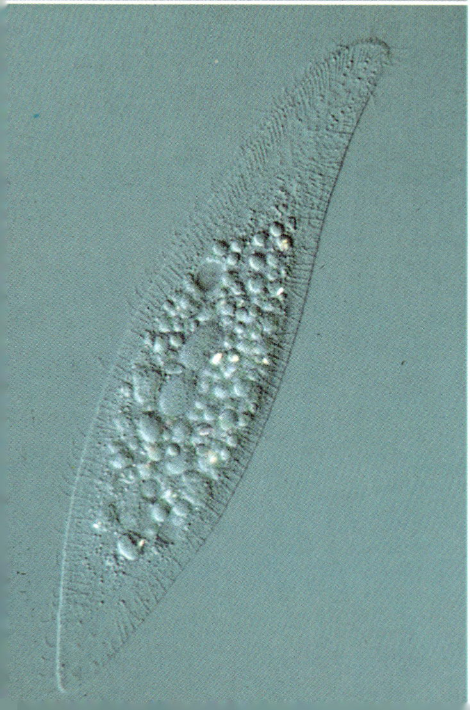
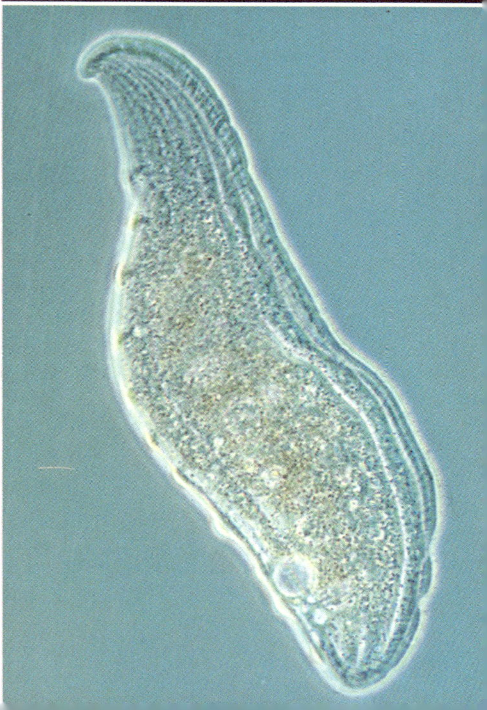

Hypostome und prostome Ciliaten

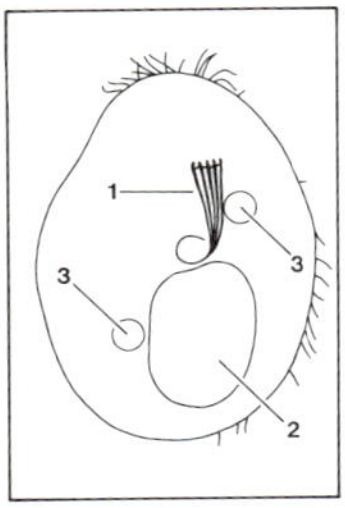

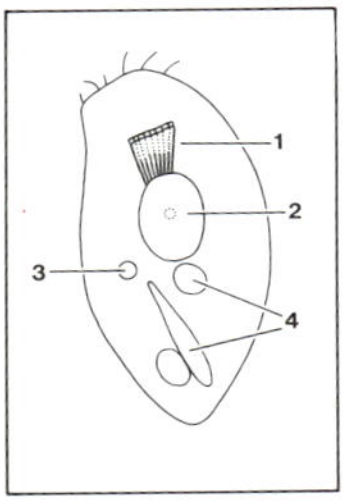

Chilodonella. Differential-Interferenzkontrast. Vergr. 1200:1 (oben links)
Das Bild zeigt einen hypostomen Ciliaten. Diese Gruppe erinnert an die primitiven Ciliaten, die Mundapparate zur Aufnahme großer Nahrungspartikel besitzen. Bei den hypostomen Formen jedoch finden sich in der Zelle um die Mundregion herum Nemadesmata. Diese stabförmigen Strukturen stellen Skelettelemente dar, die die Mundöffnung beim Ingestionsvorgang aussteifen. In der Regel sind diese Ciliaten abgeflacht. Der aus den Nemadesmata gebildete Reusenapparat (*1*) liegt auf der Ventralseite, so daß Nahrung vom Substrat aufgenommen werden kann. In der Zelle erkennt man unter dem Mundapparat den Makronucleus (*2*) und darüber hinaus kontraktile Vakuolen (*3*). Aufnahme D. J. Patterson

Chilodonella. Differential-Interferenzkontrast. Vergr. 720:1 (oben rechts)
Dieses Bild, das eine weitere *Chilodonella*-Art zeigt, soll Unterschiede in der Organisation eng verwandter Arten darstellen. Es gibt Abweichungen in der Körpergröße und der generellen Zellform und in gewissem Maße auch in der Ausgestaltung des Reusenapparates (*1*). Die Position des Makronucleus (*2*) und der kontraktilen Vakuole (*3*) ist recht ähnlich wie im ersten Fall. Die Nahrungsvakuolen (*4*) sind auf Grund der aufgenommenen Nahrung (Algen) anders geformt. Aufnahme D. J. Patterson

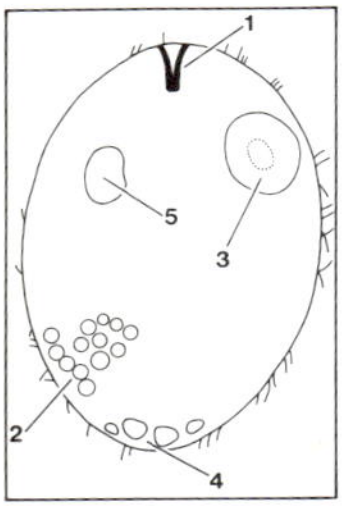

Prorodon. Differential-Interferenzkontrast. Vergr. 450:1 (unten links)
Da der Mund (*1*) dieses Wimpertieres am vorderen Zellpol gelegen ist, wird es normalerweise als prostomer Ciliat eingestuft. Man findet, wie bei den carnivoren Ciliaten, Toxicysten um die Mundregion herum und im sonstigen Corticalplasma. Aber darüber hinaus gibt es als Skelettelemente, die die Mundregion auskleiden, Nemadesmata, wie man sie von den Hypostomata her kennt. *Prorodon*-Arten fressen Detritus. Jedoch kennt man auch Vertreter, die eine große Anzahl von symbiontischen Algen (*2*) in ihrem Innern beherbergen, die mit zur Ernährung der Ciliaten beitragen. Der Makronucleus (*3*) ist auf diesem Bild rechts oben dargestellt. Die kontraktile Vakuole (*4*) liegt im Zellhinterende. Eine alte Nahrungsvakuole (*5*) fällt durch ihre Braunfärbung auf. Aufnahme D. J. Patterson

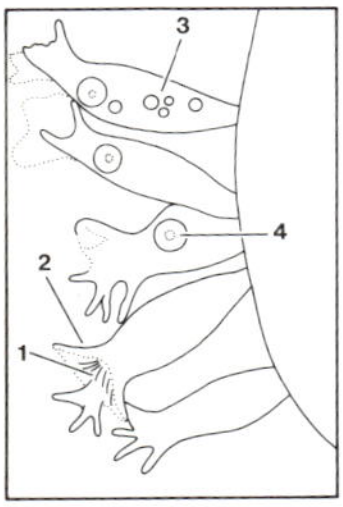

Spirochona. Differential-Interferenzkontrast. Vergr. 400:1 (unten rechts)
Diese sessilen Ciliaten gehören zu den Chonotrichen, die größtenteils als Aufsitzer auf marinen Crustaceen leben. Die hier gezeigte Art ist eine der wenigen Süßwasserformen. Man kann sie auf den Kiemenplättchen des Flohkrebses *Gammarus* finden. Obgleich diese Formen auf den ersten Blick nicht wie Ciliaten aussehen, erkennt man ihre Zugehörigkeit zu diesen Einzellern auf Grund der freischwimmenden Larven, die sie ausbilden. Diese Larven zeigen eine Reihe von Charakteristika, die auf eine Verwandtschaft zu den Hypostomen hinweisen. Die Cilien (*1*) sind an der Basis eines Peristomkragens (*2*) zu finden. Sie bewirken einen Wasserstrom, der Bakterien und andere kleine Nahrungspartikel zur Mundöffnung treibt. Die Nahrung wird in kleine Nahrungsvakuolen (*3*) eingeschlossen. Der Makronucleus ist in einigen Zellen sichtbar (*4*). Aufnahme J. Fahrni, Genf

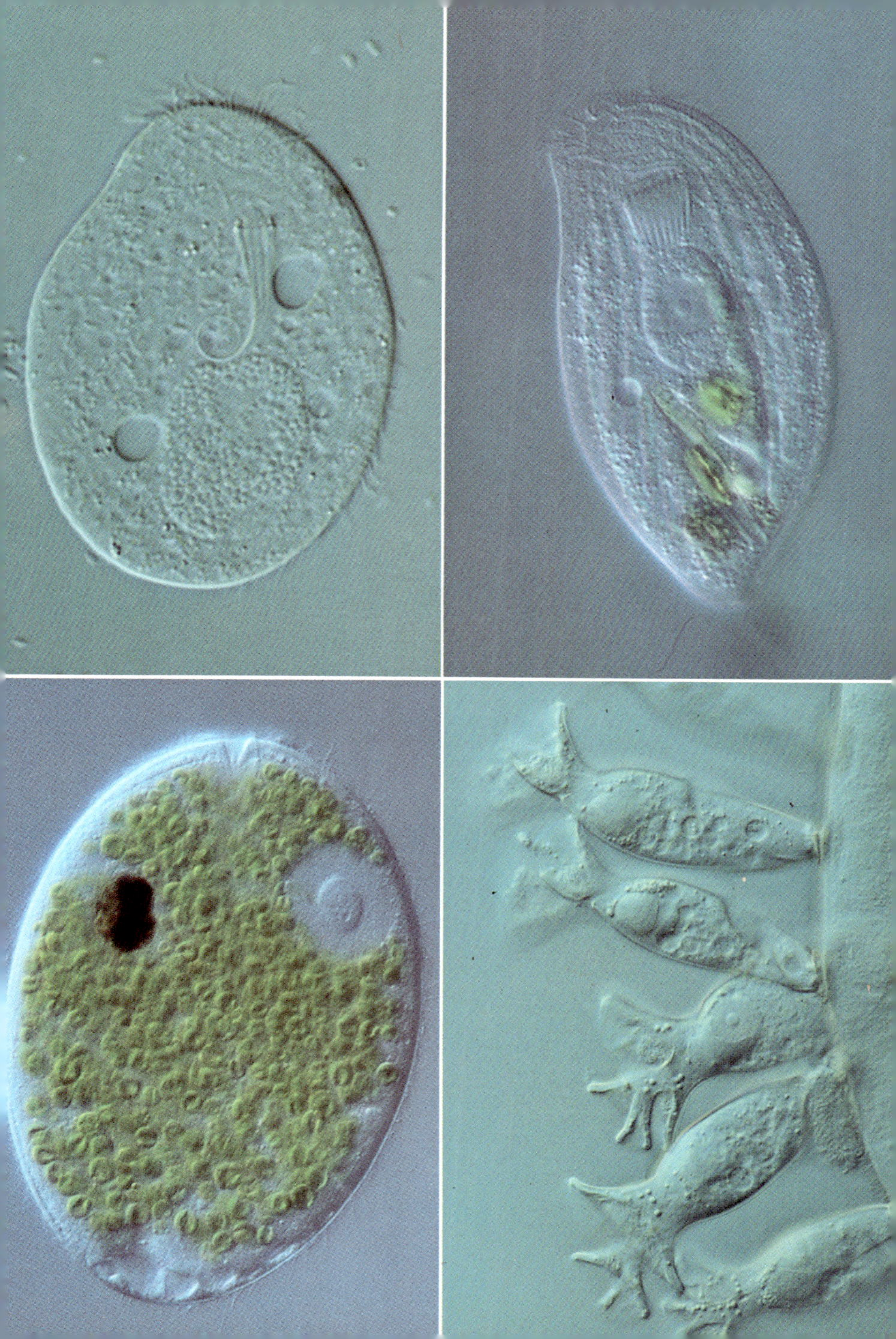

Hypostome Ciliaten

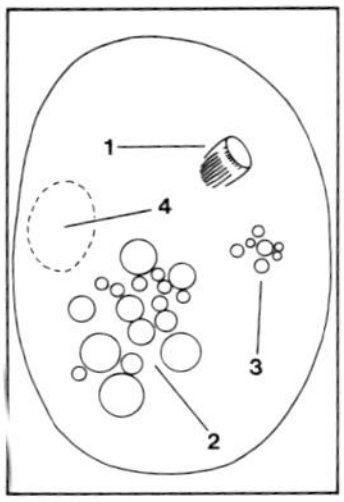

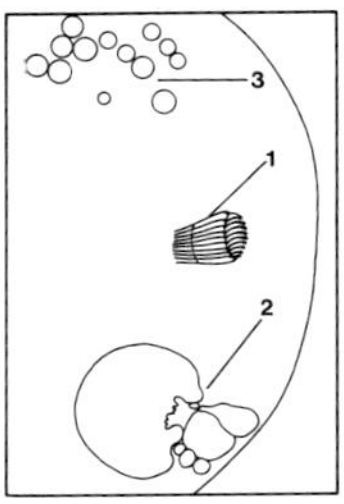

Bestimmte Ciliatengruppen weisen Vertreter auf, die speziell zur Ingestion von Blaualgen befähigt sind. Hierfür ist ein wohlausgebildeter Reusenapparat mit starren Nemadesmata notwendig. Darüber hinaus gibt es in diesen Reusenapparaten Strukturen, die die Triebkraft für die Ingestion liefern.

Nassula. Differential-Interferenzkontrast. Vergr. 300:1 (oben links)
Dieser große, ovale Ciliat hat Blaualgen gefressen, die teilweise verdaut sind. Im Verlaufe der Verdauung verändert sich die grüne Farbe der Futterorganismen und verursacht daher verschieden gefärbte Nahrungsvakuolen (*2*). Der Reusenapparat (*1*), mit dem die Nahrung aufgenommen wird, die kontraktile Vakuole (*3*) sowie die Region des Makronucleus (*4*) können gut unterschieden werden. Aufnahme K. Hausmann

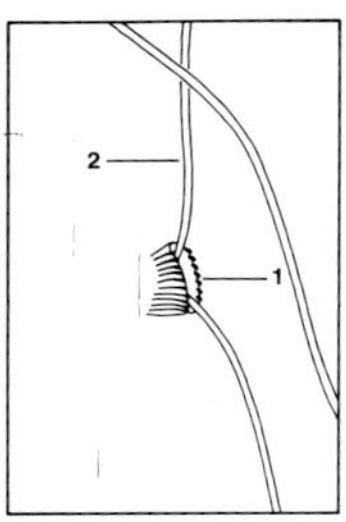

Nassula. Mundregion. Differential-Interferenzkontrast. Vergr. 350:1 (oben rechts)
Der Reusenapparat ist seitlich angeordnet und definiert die Ventralseite des Einzellers. Der Reusenapparat besteht aus stabförmigen Nemadesmata (*1*), die am Vorderende jeweils einen kleinen Zahn tragen. Die Kräfte, die die Nahrung in die Zelle befördern, werden an Strukturen erzeugt, die innerhalb des Reusenapparates zu finden sind, aber nur mit dem Elektronenmikroskop dargestellt werden können. Die großen Vakuolen unter dem Reusenapparat gehören zum Kontraktile-Vakuole-Komplex (*2*). Die kleinen Vakuolen (*3*) sind Nahrungsvakuolen. Aufnahme K. Hausmann

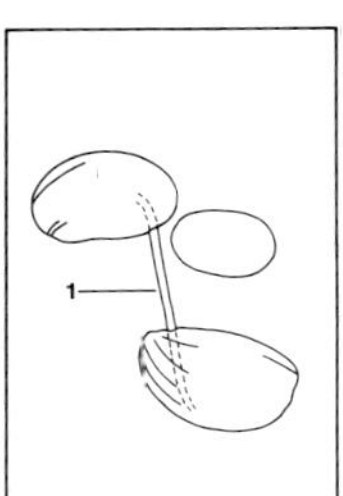

Nassula. Fressender Reusenapparat. Differential-Interferenzkontrast.
Vergr. 400:1 (unten links)
Hier erkennt man den vorgestülpten Reusenapparat (*1*), der einen Blaualgenfaden (*2*) frißt. Der Reusenapparat kann dabei verformt werden. Aufnahme K. Hausmann

Pseudomicrothorax. Differential-Interferenzkontrast. Vergr. 300:1 (unten rechts)
Dieser kleine, abgeflachte Ciliat kann, ähnlich wie *Nassula*, fädige Blaualgen ingestieren. In diesem Bild sieht man zwei Ciliaten, die an ein und demselben *Oscillatoria*-Faden (*1*) fressen. Die Zellwände dieser Algen werden von *Pseudomicrothorax* sehr rasch abgebaut, so daß der Ciliat recht beachtliche Futtermengen in kurzer Zeit aufnehmen kann. Die Zellen, die durch Falten in der Pellikula gekennzeichnet sind, erscheinen nach der Nahrungsaufnahme grün gefärbt. Aufnahme K. Hausmann

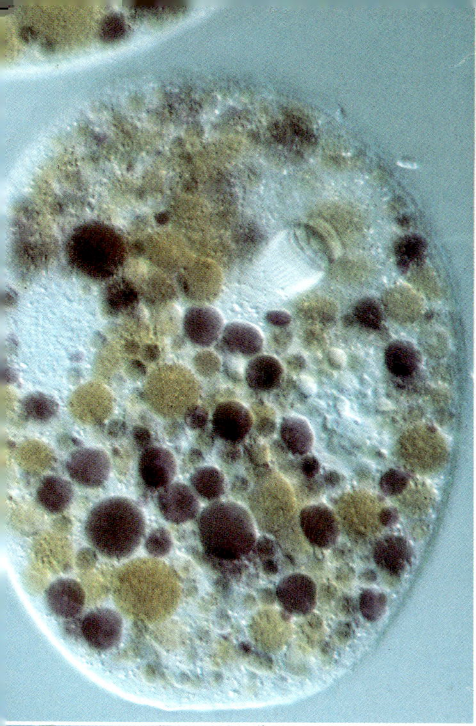

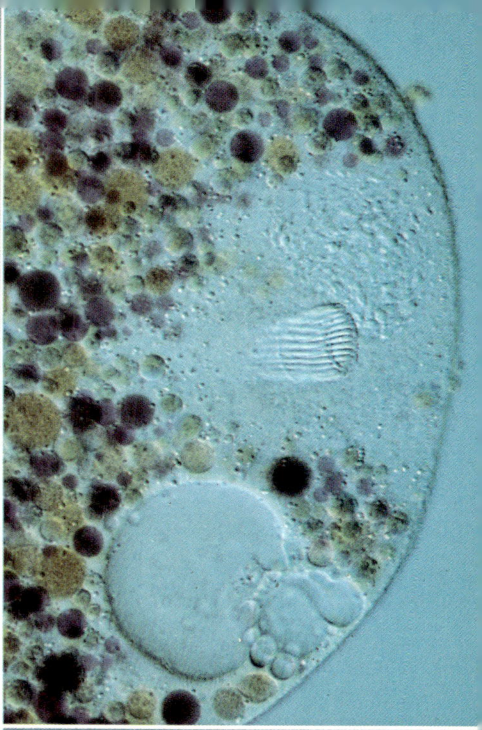

Suktorien

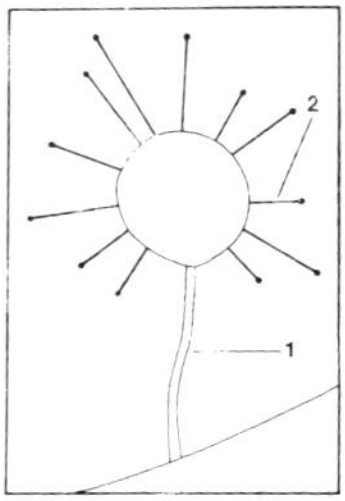

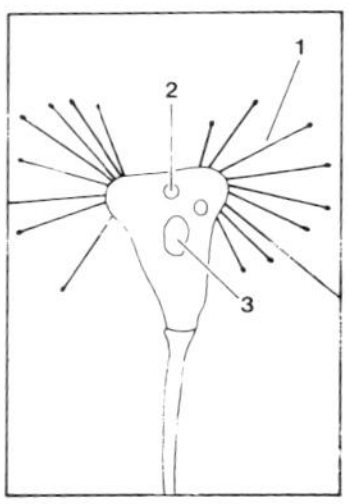

Die Suktorien sind eine Gruppe sessiler Ciliaten, die eigentlich nicht wie Ciliaten aussehen. Daher haben sie eine Zeitlang eine besondere Stellung innerhalb der Protozoen und späterhin unter den Ciliaten eingenommen. Jedoch zeigten ultrastrukturelle Untersuchungen sowie Studien zum Entwicklungsgang dieser Wimpertiere – sie bilden bewimperte Larven aus –, daß sie Ähnlichkeiten zu den Hypostomen aufweisen. Die Suktorien ernähren sich hauptsächlich von anderen Ciliaten, die sie mit den Enden ihrer Tentakeln einfangen. Das Beutecytoplasma strömt durch die Tentakel in die Zelle. Dies sieht wie ein Saugen aus (Name!), ist aber eher mit den Vorgängen zu vergleichen, die sich in den Reusenapparaten der Hypostomen während des Fressens abspielen. Zumindest zeigt der ultrastrukturelle Aufbau eines jeden Tentakels große Übereinstimmungen mit der Morphologie der Reusenapparate. Daher kann man der Ansicht sein, daß Suktorien hypostome Ciliaten mit zahlreichen Mundapparaten sind.

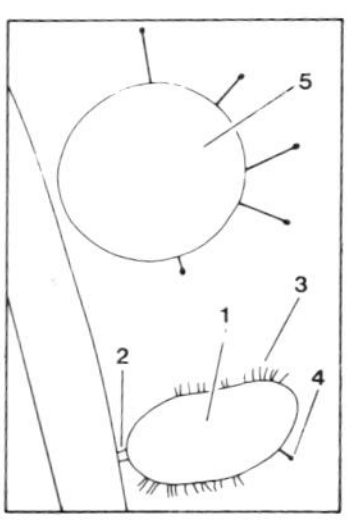

Discophrya. Phasenkontrast. Vergr. 550:1 (oben links)
Discophrya ist ein typisches Suktor. Dieser solitäre Organismus besitzt keine Cilien. Mit einem extrazellulären Stiel (*1*), der vom Hinterende der Zelle ausgeschieden wurde, ist er am Substrat festgeheftet. Die Tentakeln (*2*) gehen strahlig vom Zellkörper aus. Jeder Tentakel ist am Ende knopfartig aufgeschwollen. In dieser Aufschwellung gibt es spezielle Extrusome (Haptocysten), die den ersten Kontakt mit der Beute herstellen. Aufnahme D. J. Patterson

Tokophrya. Differential-Interferenzkontrast. Vergr. 500:1 (oben rechts)
Die Tentakeln (*1*) dieses Suktors sehen ganz ähnlich aus wie die von *Discophrya*, gehen aber büschelartig von nur zwei Stellen der Zelle aus. Die kontraktile Vakuole (*2*) sowie der Makronucleus (*3*) können ebenfalls erkannt werden. Dieser Organismus wurde auf einem Kiemenplättchen des Flohkrebses *Gammarus* gefunden. Aufnahme J. Fahrni, Genf

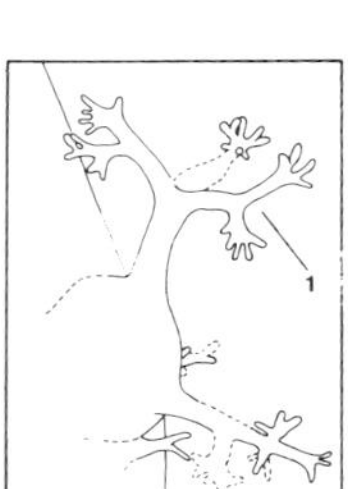

Discophrya. Differential-Interferenzkontrast. Vergr. 700:1 (unten links)
Wie sehr viele sessile Ciliaten können sich die Suktorien nur dadurch fortpflanzen, daß sie freibewegliche Schwärmer ausbilden, die in der Regel ganz anders aussehen als die adulten Formen. Über einen Knospungsprozeß wird vom vorderen Zellbereich eine bewimperte Larve freigesetzt, die eine Zeitlang umherschwimmt. Dieser Schwärmer (*1*) läßt sich nach einiger Zeit nieder und bildet einen Stiel aus (*2*). Noch während die Cilien (*3*) resorbiert werden, bilden sich die ersten Tentakeln (*4*). Auf diesem Bild ist außerdem ein adultes Tier zu sehen (*5*). Aufnahme D. J. Patterson

Dendrocometes. Differential-Interferenzkontrast. Vergr. 400:1 (unten rechts)
Dieses Suktor lebt auf den Kiemenplättchen von *Gammarus*. Die verzweigten Tentakeln (*1*) geben der Zelle ein bizarres, bäumchenförmiges Aussehen (Name!). Aufnahme D. J. Patterson

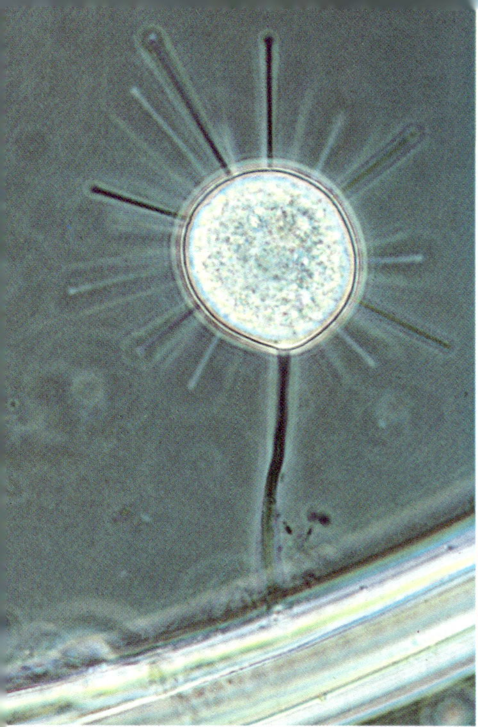
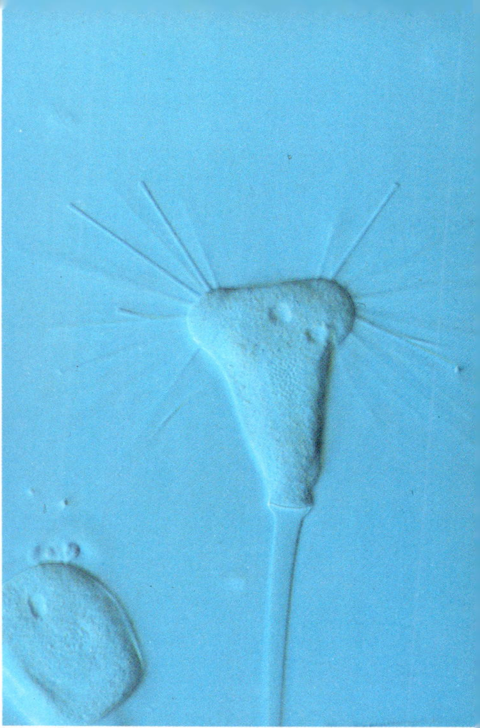
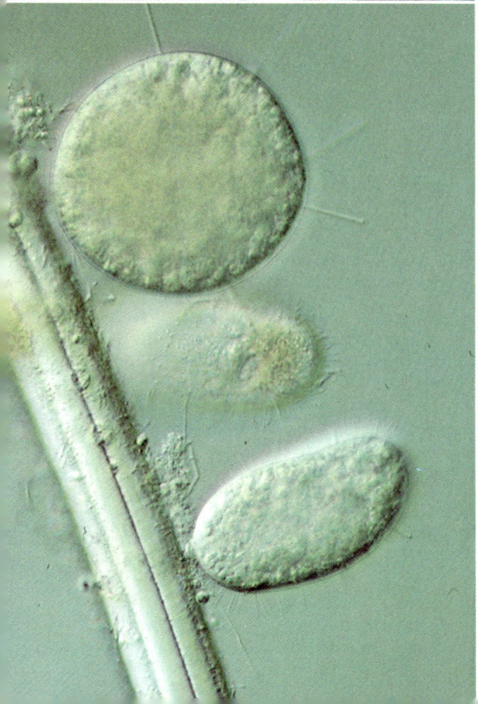
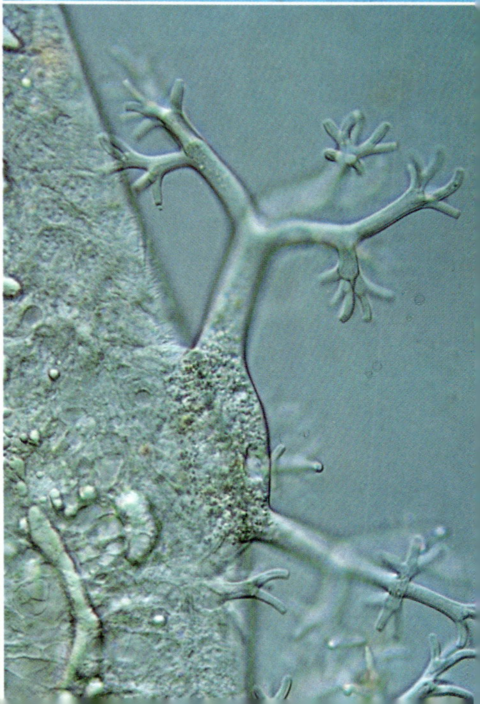

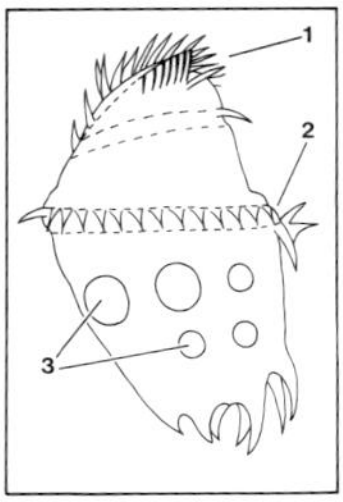

Pansenciliaten

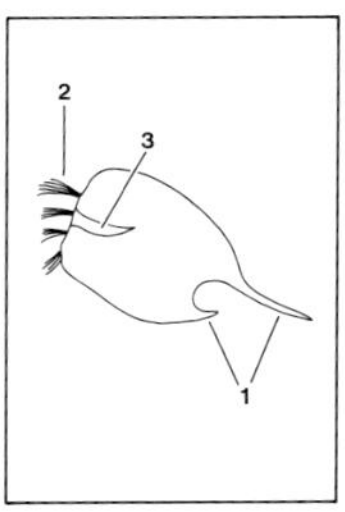

Zu den Tieren, die für die Menschheit eine besondere Rolle spielen, gehören die Pflanzenfresser, wie beispielsweise Rinder, die für uns wichtige Fleischlieferanten sind. Diese Tiere können jedoch, wie die meisten Metazoen, keine pflanzlichen Polysaccharide, insbesondere Zellulose, abbauen, obgleich sie sie in großen Mengen fressen. Den Abbau nehmen Mikroorganismen vor. In Rindern finden sich derartige Organismen im Pansen. Neben der aufgenommenen Nahrung gibt es hier eine große Anzahl von Bakterien, Flagellaten und speziell Ciliaten, die alle in irgendeiner Form von dem zerkauten Pflanzenmaterial leben. Die tatsächliche Rolle der Ciliaten beim Zelluloseabbau ist unklar. Einige mögen dazu befähigt sein, entsprechende Verdauungsenzyme herzustellen. Jedoch nimmt man an, daß der weitaus größte Anteil der Enzyme von Bakterien geliefert wird.

Panseninhalt. Differential-Interferenzkontrast. Vergr. 200:1 (oben)
Diese Probe frischen Panseninhaltes zeigt Pflanzenreste, verschiedene, auf den ersten Blick durch ihre Größe unterscheidbare Ciliaten und zahllose Bakterien, die bei dieser Vergrößerung nur als Untergrundkörnung in Erscheinung treten. Der auf Grund seiner Größe dominierende Ciliat ist *Ophryoscolex*. Derartige Ciliaten haben eine panzerartige Pellikula. Das Hinterende ist durch bizarre, dornenartige Fortsätze gekennzeichnet. Die adorale Membranellenspirale am Vorderpol (*1*) dient der Nahrungsaufnahme, das dorsale Membranellenband (*2*), das ca. $^3/_4$ der Körpermitte umgibt, wird zur Fortbewegung eingesetzt. Mehrere kontraktile Vakuolen (*3*) sind in zwei Schrägreihen angeordnet. Aufnahme K. Hausmann

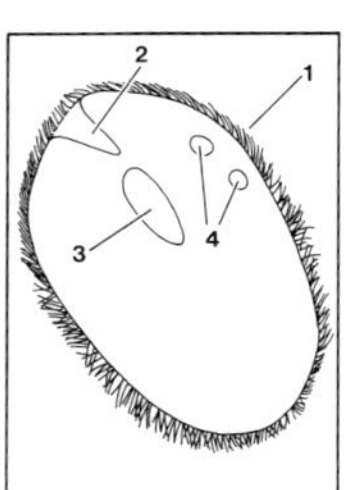

Entodinium. Phasenkontrast. Vergr. 500:1 (unten links)
Wie *Ophryoscolex* gehört dieser Ciliat zu den Entodiniomorpha. Diese Form ist durch einen langen und zwei kurze Fortsätze am Hinterende (*1*) gekennzeichnet. Die adoralen Cilien sind zu membranellenartigen Büscheln angeordnet (*2*). Man erkennt die Mundeinbuchtung (*3*). Aufnahme D. J. Patterson

Isotricha. Phasenkontrast. Vergr. 450:1 (unten rechts)
Diese Arten gehören zur anderen großen Ciliatengruppe, die man im Rinderpansen findet, zu den Isotrichen. Bei diesen Einzellern ist die gesamte Oberfläche dicht mit gleichförmigen Cilien (Name!) (*1*) bedeckt. Die Mundregion (*2*) liegt am Vorderpol der Zelle. Die meisten Vertreter dieser Gruppe ernähren sich von Bakterien, die sie im Pansen in großer Anzahl vorfinden. Den Makronucleus (*3*) erkennt man unter der Mundregion. Die kontraktilen Vakuolen (*4*) pulsieren recht langsam. Aufnahme D. J. Patterson

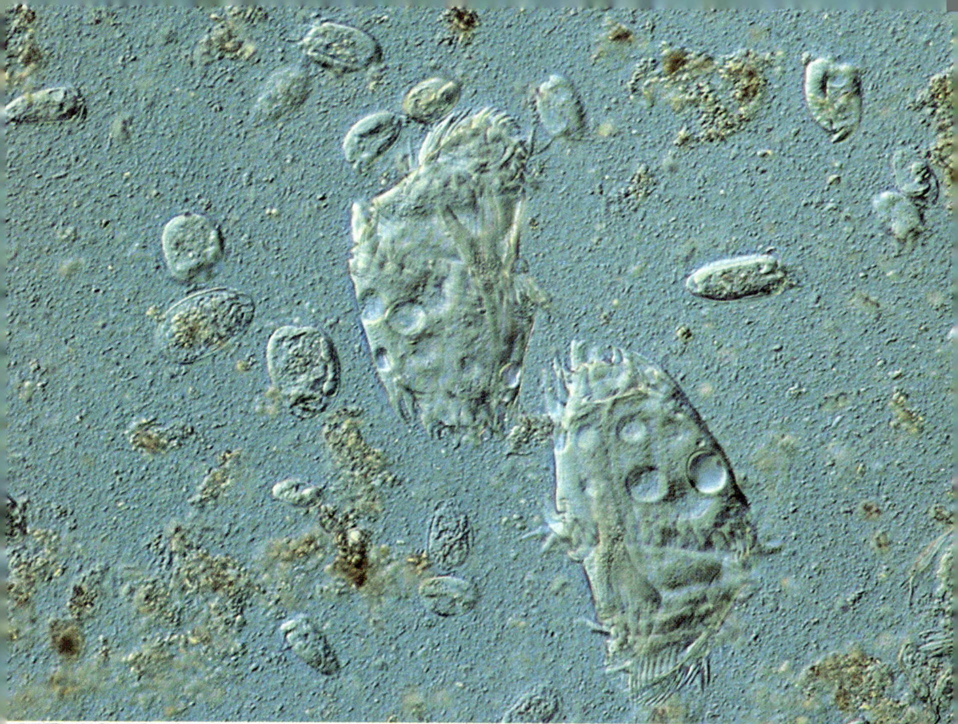

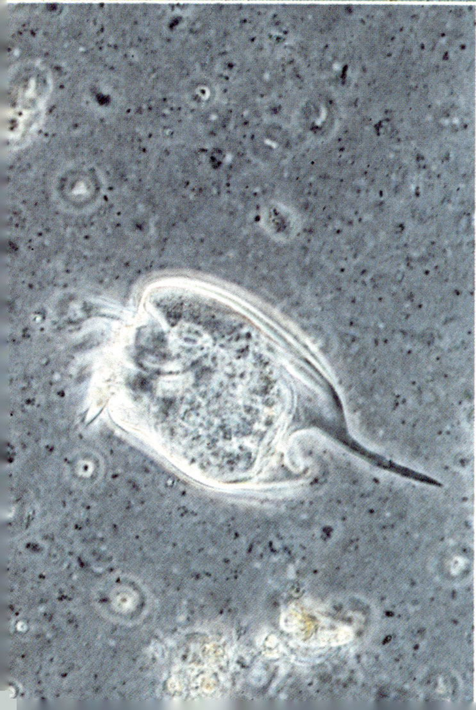

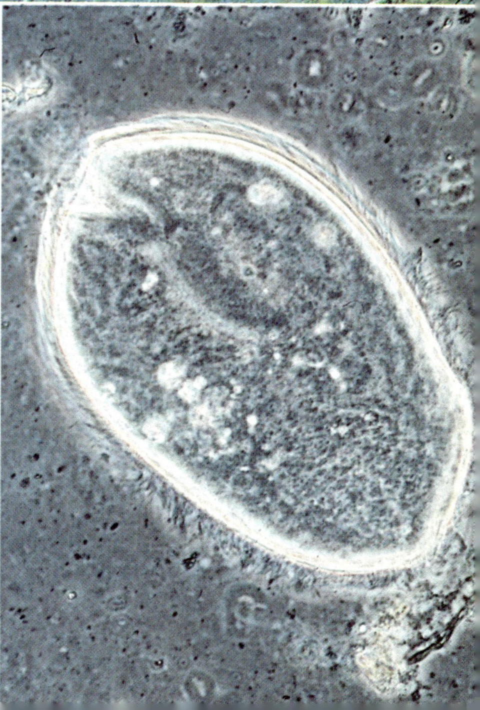

Cysten

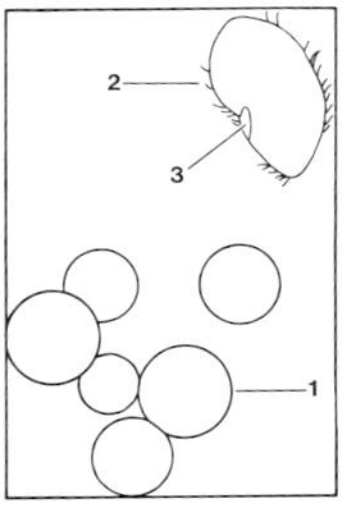

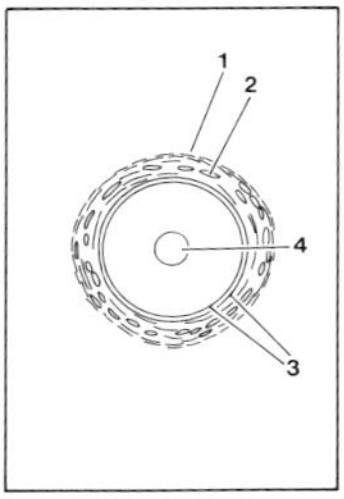

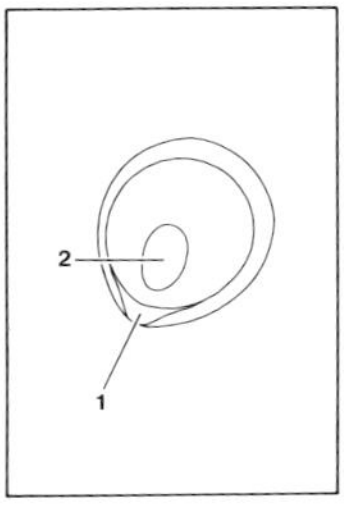

Zahlreiche Einzeller aus verschiedenen systematischen Gruppen können Cysten ausbilden. Dies sind einerseits Dauerstadien, in denen die Organismen ungünstige Umweltbedingungen überstehen, können aber auch bestimmte Stadien im Lebenszyklus darstellen (zum Beispiel Vermehrungscysten). Nicht selten gelingt es, bereits anhand der Cystenform und -ausgestaltung die Protistenart zu erkennen, die sich in ihr befindet.

Colpoda. Differential-Interferenzkontrast. Vergr. 620:1 (oben links)
Einer der häufigsten Bodenciliaten ist *Colpoda*. Dieser Ciliat, der sich, sobald der Wassergehalt des Bodens zu gering wird, encystiert, existiert wohl überwiegend in der Cystenform (*1*). In den Cysten kann er 20 Jahre oder gar länger überleben. Treten günstige Umweltbedingungen ein, excystiert sich der Ciliat ebenso schnell. Als freischwimmende Form (*2*) ernährt sich *Colpoda* hauptsächlich von Bakterien, die in die Mundöffnung, die in die Zelle eingesenkt ist (*3*), gestrudelt werden. Aufnahme D. J. Patterson

Actinophrys (siehe auch Seite 35). Differential-Interferenzkontrast. Vergr. 1200:1 (oben rechts)
Die Cyste von *Actinophrys* ist vielschichtig. Umgeben werden die Cysten von Schleim (*1*), so daß sie meistens am Substrat festkleben. Unter dem Schleim liegt eine Schicht aus unregelmäßig geformten Kieselsäureplättchen (*2*). Darunter gibt es noch weitere Schichten (*3*). Die encystierten Zellen sind mit zahlreichen Speicherstoffgranula angefüllt. Der Kern (*4*) liegt im Zentrum. Diese Cysten dienen nicht so sehr zum Schutze gegen widrige Umwelteinflüsse, sondern stellen ein Stadium im Lebenszyklus dar, in dem die sexuelle Fortpflanzung dieser Tiere erfolgt. Aufnahme D. J. Patterson

Acanthamoeba (siehe auch Seite 27). Differential-Interferenzkontrast. Vergr. 500:1 (unten links)
Wie bereits erwähnt, gilt *Acanthamoeba* als die am weitesten verbreitete Bodenamöbe. Wie *Colpoda* haben sich diese Amöben gut auf ihre Umgebung eingestellt. Sobald die Wasserversorgung schlecht wird, encystieren sie sich. Aufnahme K. Hausmann

Blepharisma (siehe auch Seite 63). Differential-Interferenzkontrast. Vergr. 700:1 (unten rechts)
Blepharisma ist ein rosafarbener Ciliat, der eine dunkelrote Cyste bildet, wenn die Nahrung im umgebenden Medium erschöpft ist. Die Cystenwand enthält die gleichen Pigmente wie die freilebenden Zellen. Die Cyste ist durch einen Stopfen (*1*) verschlossen. An dieser Stelle kann der Ciliat später wieder ausschlüpfen. Der Makronucleus (*2*) ist erkennbar. Aufnahme D. J. Patterson

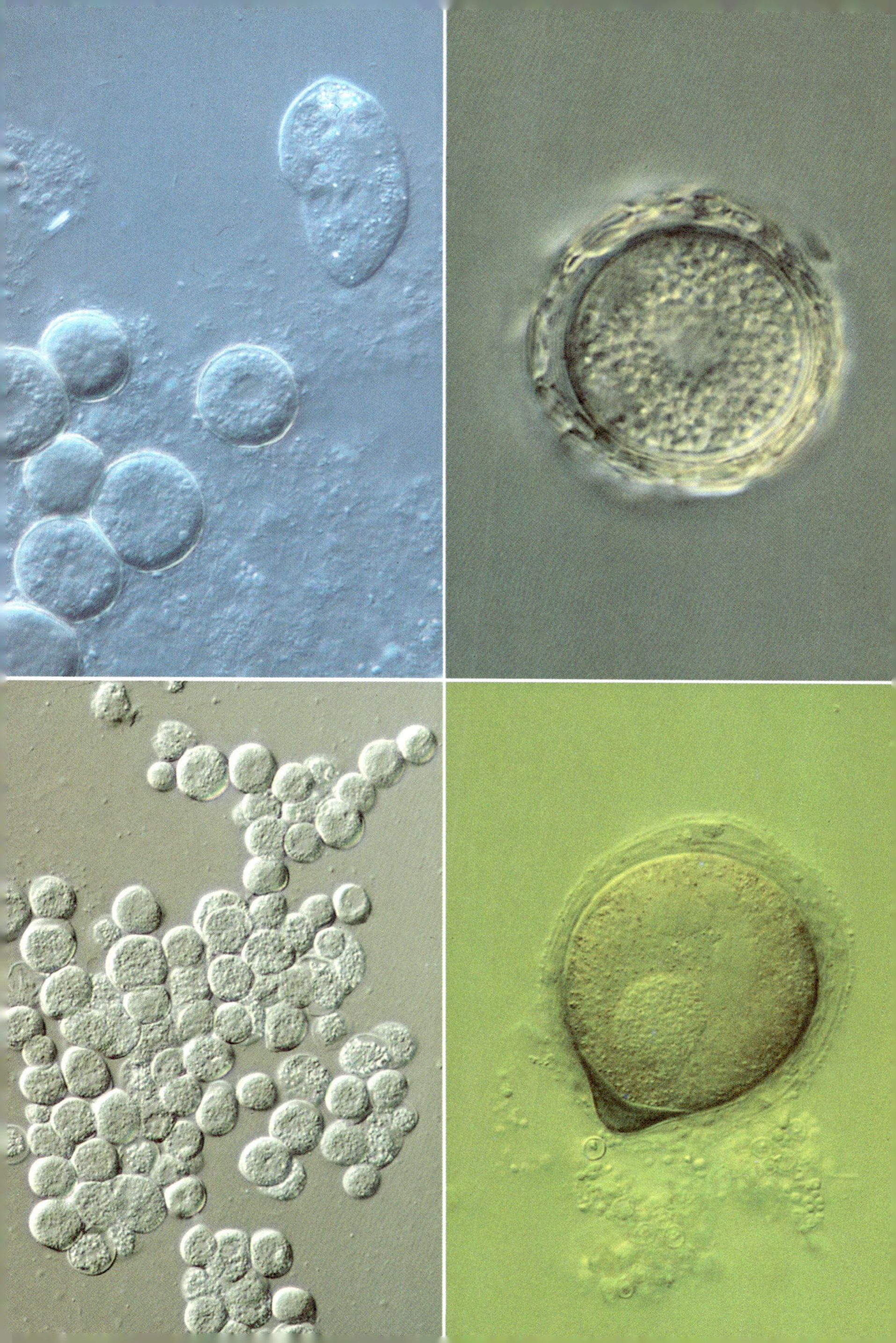

Paramecium

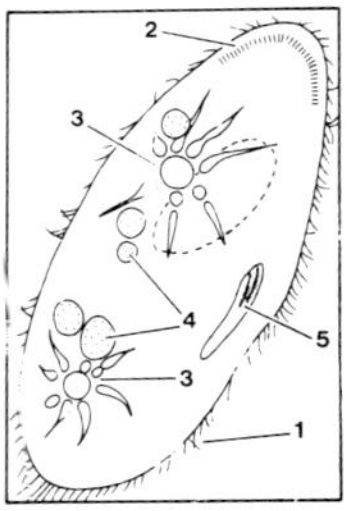

Das Pantoffeltierchen *Paramecium* ist wohl der bekannteste Einzeller. In Schulen wird es oft herangezogen, um die generellen Charakteristika von Protozoen vorzustellen. In freier Natur ist es im Süßwasser weit verbreitet. Es gibt eine ganze Anzahl verschiedener *Paramecium*-Arten. *Paramecium* frißt Bakterien, die es mit vier Cilienaggregaten aus jeweils mehreren Reihen einstrudelt, wobei bestimmte Nahrungspartikel aussortiert werden können.

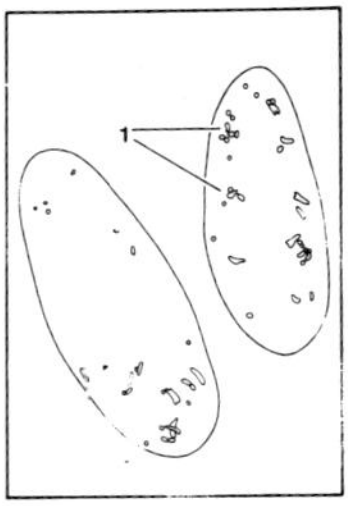

Paramecium. Ganze Zelle. Phasenkontrast. Vergr. 1400:1 (oben links)
Diese Abbildung zeigt das typische Erscheinungsbild eines leicht gequetschten Parameciums. Der spindelförmige Körper ist ganz mit Cilien (*1*) bedeckt. Innerhalb der Zelle, direkt unter der Oberfläche, liegen Trichocysten (*2*, siehe auch Bild unten rechts). *Paramecium* hat zwei kontraktile Vakuolen (*3*), die jeweils Sammelkanäle und Ampullen besitzen. Weiterhin erkennt man Nahrungsvakuolen (*4*) im Cytoplasma, die am Mundapparat (*5*) abgeschnürt werden. Die Region, in der der Makronucleus liegt, ist ebenfalls zu erkennen. Aufnahme K. Hausmann

Paramecium. Kristalle. Differential-Interferenzkontrast. Vergr. 400:1 (oben rechts)
Wie in vielen Ciliaten gibt es auch in *Paramecium* zahlreiche Kristalle (*1*), die zum größten Teil Calcium und Phosphor und in geringerem Maße Magnesium, Schwefel und Chlor enthalten. Die Funktion oder Bedeutung dieser Kristalle ist unklar. Es sind möglicherweise Speicher für Ionen, die für Stoffwechselprozesse wichtig sind. Eine andere Alternative ist, daß mittels der Kristalle die Konzentration bestimmter Ionen gehoben oder gesenkt und somit in physiologischen Konzentrationen gehalten wird. Die Kristalle sind stark lichtbrechend und können besonders deutlich in polarisiertem Licht dargestellt werden. Aufnahme K. Hausmann

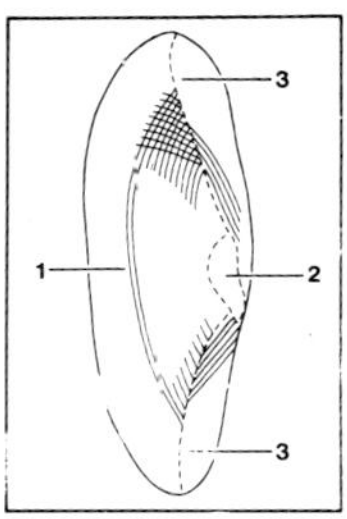

Paramecium. Cilienreihen (Kineten). Hellfeld. Vergr. 450:1 (unten links)
Beim weitaus größten Teil der Ciliaten sind die Cilien in Reihen angeordnet, die Kineten genannt werden. In vielen Fällen entspringen die Cilien aus kleinen Gruben. Dies kann besonders klar gezeigt werden, wenn man die Zellen gemeinsam mit einem geeigneten Farbstoff eintrocknen läßt. Die Vertiefungen sind dann mit Farbe gefüllt und lassen somit die Anordnung der Kineten deutlich erkennen. In *Paramecium* verlaufen die Kineten (*1*) um die Mundregion (*2*) herum. Oberhalb und unterhalb des Mundfeldes sieht man „Nähte" (*3*), an denen sich die Kineten treffen. Aufnahme K. Hausmann

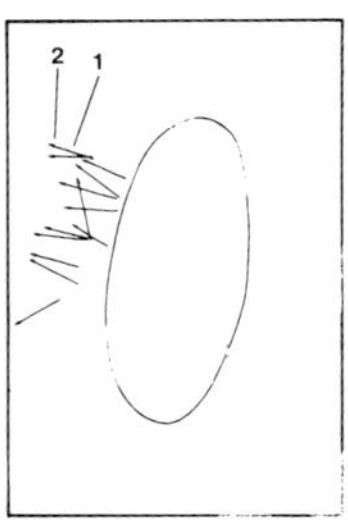

Paramecium. Ausgeschleuderte Trichocysten. Phasenkontrast. Vergr. 320:1 (unten rechts)
Trichocysten sind ganz charakteristische Organellen der Paramecien. Im ruhenden Zustand liegen sie dicht unter der Zelloberfläche (siehe Bild oben links). Auf verschiedene Reize hin – in diesem Fall wurde der Abschuß durch Pikrinsäure verursacht – werden sie von der Zelle abgeschossen. Hierbei verlängern sich die Trichocysten um den Faktor 8. An abgeschossenen Trichocysten kann man die beiden Abschnitte erkennen: Schaft (*1*) und Spitze (*2*). Der Trichocystenabschuß erfolgt durch die blitzschnelle, molekulare Umordnung der Proteine, die den Schaft aufbauen. Obgleich zahllose Untersuchungen zu diesen Organellen vorliegen, ist ihre Funktion für die *Paramecium*-Zelle nach wie vor unklar. Aufnahme K. Hausmann

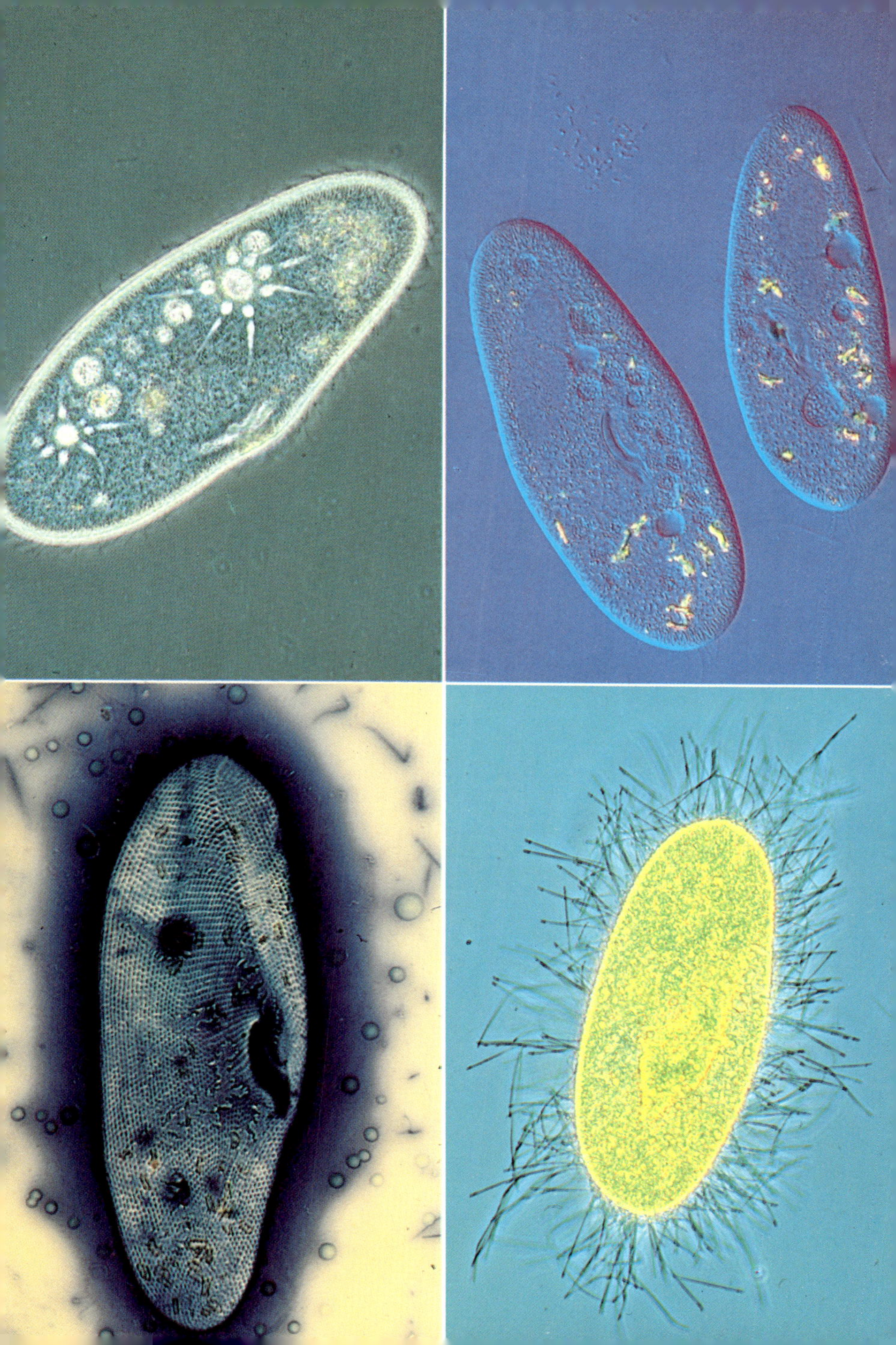

Paramecium

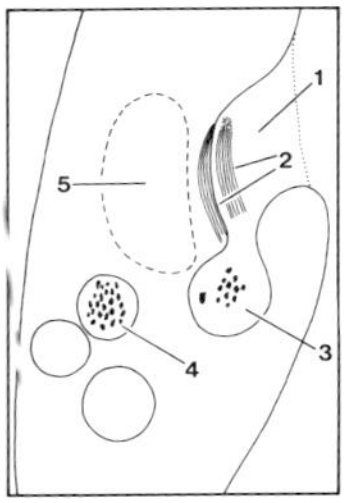

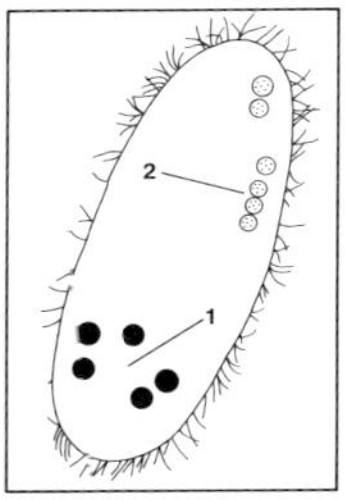

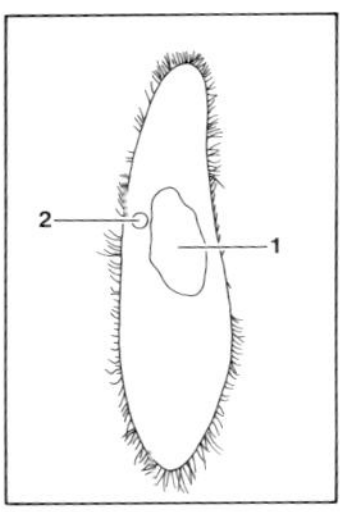

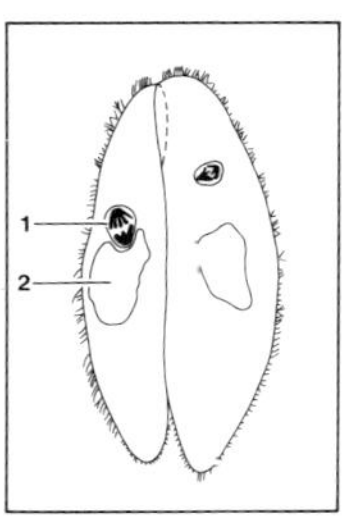

Paramecium. Mundapparat. Differential-Interferenzkontrast. Vergr. 1000:1 (oben links)
Unter Mundapparat versteht man generell alle die Strukturen, die im Zusammenhang mit der Nahrungsaufnahme stehen. Die Mundhöhle (*1*) ist eine Einsenkung in die Zelle, die mit mehreren Reihen dicht gepackter, in charakteristischer Weise angeordneter Cilien ausgekleidet ist (*2*). Diese Cilienreihen strudeln Nahrungspartikel an die Basis der Mundhöhle, wo Nahrungsvakuolen abgeschnürt werden (*3*). Bereits abgeschnürte Vakuolen (*4*) befinden sich weiter im Cytoplasma. Der Makronucleus (*5*) ist in Mundnähe zu sehen. Aufnahme D. J. Patterson

Paramecium. Nahrungsvakuolen. Phasenkontrast. Vergr. 450:1 (oben rechts)
Diese Zelle wurde, um die Nahrungsvakuolen deutlicher hervortreten zu lassen, zuerst mit Tusche (= dunkelbraune Vakuolen, *1*) und dann mit Karmin (= rote Vakuolen, *2*) gefüttert. Die Vakuolen markieren andeutungsweise den Weg der Cyklose (= Wanderung der Nahrungsvakuolen durch die *Paramecium*-Zelle), in deren Verlauf die aufgenommene Nahrung verdaut wird. Dieses Bild dokumentiert fernerhin, daß *Paramecium* offenbar nicht in der Lage ist, zwischen brauchbaren und unbrauchbaren Partikeln zu unterscheiden. Aufnahme K. Hausmann

Paramecium. Kerne. Phasenkontrast. Vergr. 500:1 (unten links)
Diese Abbildung zeigt ein (abgetötetes) Paramecium nach Feulgen-Färbung. Mit dieser Färbung können die Kerne sichtbar gemacht werden. Wie bei allen Ciliaten gibt es zwei verschiedene Kerne (Kerndualismus), einen großen Makronucleus (*1*) und einen kleinen Mikronucleus (*2*). Der Makronucleus steuert alle normalen Lebensvorgänge, während der Mikronucleus nur bei der sexuellen Fortpflanzung (siehe Bild unten rechts) eine Rolle spielt. Je nach Ciliatenart können unterschiedlich viele Kerne auftreten. Aufnahme K. Hausmann

Paramecium. Konjugation. Phasenkontrast. Vergr. 375:1 (unten rechts)
Die sexuelle Fortpflanzung bei Ciliaten wird Konjugation genannt. Während dieses Prozesses verschmelzen zwei Zellen so miteinander, daß das Cytoplasma der beiden Konjugationspartner miteinander in Verbindung steht. Gleichzeitig teilen sich die Mikronuclei. In diesem Bild ist der Beginn dieses Prozesses wiedergegeben. Chromosomen (*1*) werden sichtbar. Nach der Teilung wandert jeweils ein Kern in die andere Zelle, wo er mit dem dort verbliebenen Kern verschmilzt. Der Makronucleus (*2*), der während dieses Vorganges zerfällt, entsteht später neu, wenn weitere Teilungen des neuen Kernes erfolgt sind. Nach diesem Austausch genetischen Materials trennen sich die Zellen wieder. Aufnahme K. Hausmann

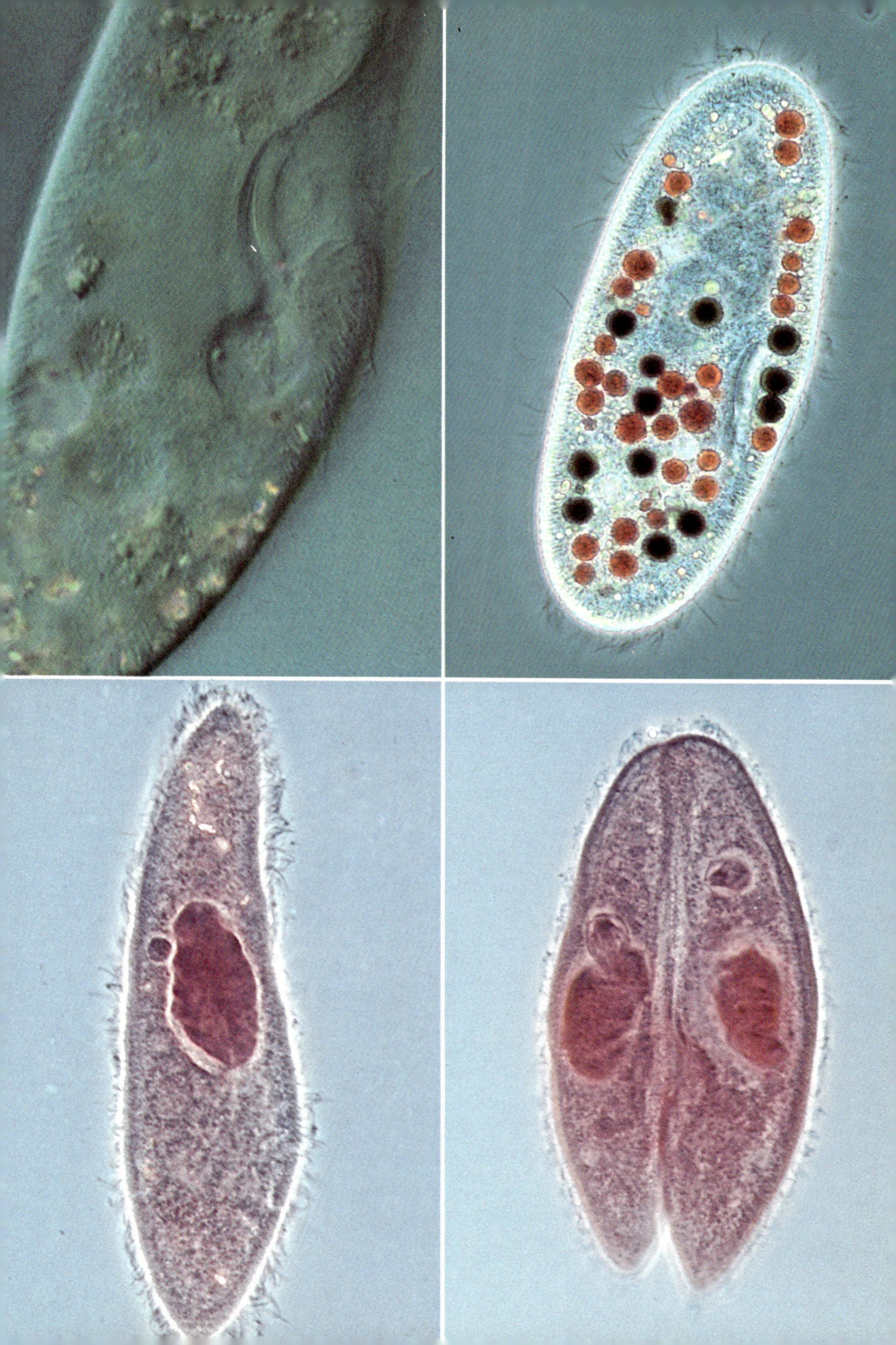

Unterschiedliche Mikroskopierverfahren

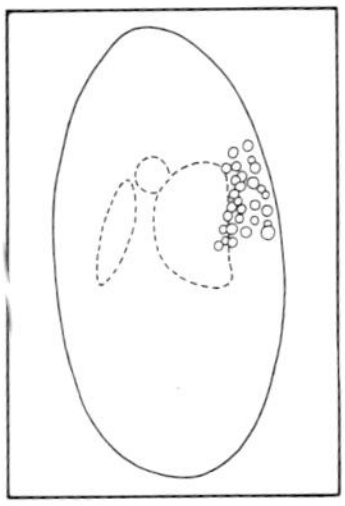

Paramecium bursaria kann man ohne Schwierigkeiten von den anderen Arten dieser Gattung unterscheiden, da dieser Ciliat eine große Anzahl symbiontischer Algen in sich beherbergt. Es handelt sich insofern um eine Symbiose, als *Paramecium* Stoffwechselprodukte aus der Photosynthese der Algen erhält und *Paramecium* den Algen ein sicheres Habitat bietet. *Paramecium bursaria* kann sich zusätzlich noch von Bakterien ernähren.
Die hier von *Paramecium bursaria* zusammengestellten Bilder sollen zeigen, wie unterschiedlich der Umfang an Information bei Anwendung verschiedener Mikroskopierverfahren sein kann.

Hellfeld. Vergr. 450:1 (oben links)
Diese Technik ist, da sie die preisgünstigste Alternative darstellt, wohl am weitesten verbreitet, bietet jedoch für den Protistologen nicht sehr zufriedenstellende Ergebnisse, da in der Regel die Einzeller kaum lichtbrechend und normalerweise nicht auffällig gefärbt sind. Daher sieht man im Falle von *Paramecium bursaria* außer den grünen Symbionten nur die Zellumrisse und andeutungsweise einige Zellorganellen. Dies gilt besonders, wenn man das Mikroskop so einstellt, wie es zur Erreichung höchster Auflösung notwendig ist. Aufnahme D. J. Patterson

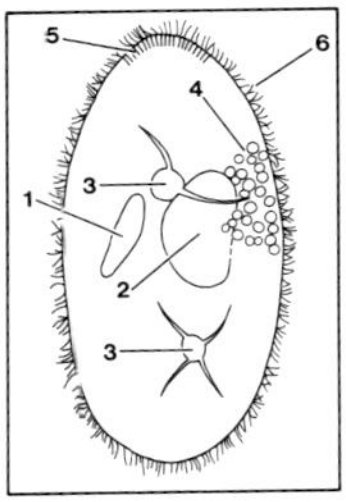

Geschlossener Kondensor. Hellfeld. Vergr. 450:1 (oben rechts)
Man kann den Kontrast beträchtlich erhöhen, wenn man die Kondensorblende schließt oder, sofern möglich, den Kondensor senkt. Einen ähnlichen Effekt hat es, wenn man den Kondensor dezentriert. Man erkennt nun deutlich die Zellumrisse und sieht zahlreiche Organellen wie beispielsweise Mundapparat (*1*), Makronucleus (*2*), kontraktile Vakuolen (*3*), Symbionten (*4*), Trichocysten (*5*) und Cilien (*6*). Das Bild macht allerdings einen etwas groben Eindruck. Man muß sich im klaren darüber sein, daß man durch diese Manipulation das Auflösungsvermögen des Mikroskopes erheblich verschlechtert, so daß man feine Details nicht mehr wahrnehmen kann. (Diese hat man jedoch vorher oft genug auch nicht gesehen, da sie zu wenig Kontrast aufwiesen). Die exakte Einstellung der Beleuchtung ist natürlich – auch im Hellfeld – für die genaue Untersuchung feinster Strukturen unumgänglich. Aufnahme D. J. Patterson

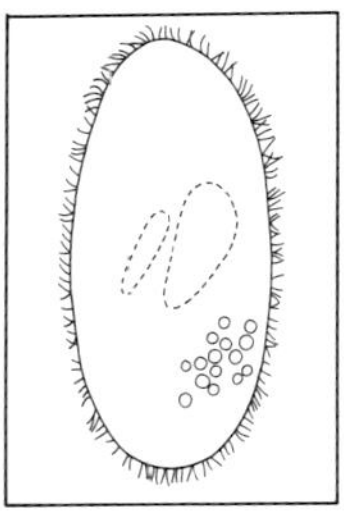

Phasenkontrast. Vergr. 450:1 (unten links)
Diese Methode wird wahrscheinlich am häufigsten angewandt, wenn man die Kontrastverhältnisse in lebenden Zellen verbessern möchte. Unterschiede in der optischen Dichte der Untersuchungsobjekte werden mit Hilfe einer bestimmten optischen Einrichtung, das heißt ohne Einfärben der Präparate, in Kontrastunterschiede umgewandelt. Die Wiedergabe der natürlichen Farben der Objekte wird nicht beeinträchtigt. Der Nachteil dieses Verfahrens ist allerdings, daß insbesondere bei räumlich ausgedehnten Objekten zahlreiche Brechungssäume auftreten, die unter Umständen mehr Verwirrung stiften, als beim Verständnis der Objekte weiterhelfen. Für die Darstellung kleiner beziehungsweise abgeplatteter Organismen ist, wie die Bilder dieses Buches zeigen, dieses Verfahren jedoch sehr gut geeignet. Aufnahme D. J. Patterson

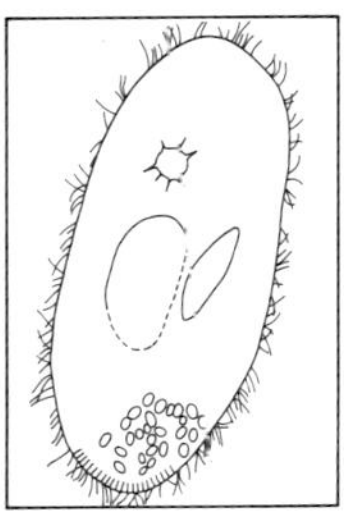

Differential-Interferenzkontrast. Vergr. 450:1 (unten rechts)
Dieses ebenfalls rein optische Verfahren zur Kontraststeigerung ist in diesem Buch überwiegend angewandt worden. Man kann wohl sagen, daß es die beste Alternative darstellt, wenn man Einzeller beobachten und untersuchen möchte. Es gibt keine (oder kaum) Brechungssäume, da man bei richtiger Einstellung sehr dünne optische Schnitte durch die Untersuchungsobjekte macht, ohne daß die darüber- oder darunterliegenden Strukturen störend in Erscheinung treten. Der Effekt des Differential-Interferenzkontrastes liegt darin, daß Unterschiede in der optischen Dichte speziell in den Randzonen als Hell-Dunkel-Linie dargestellt werden, wodurch ein reliefartiges Bild entsteht (das nicht unbedingt einem natürlichen Relief entspricht). Ein schwerwiegender Nachteil dieses Verfahrens ist der hohe Anschaffungspreis. Aufnahme D. J. Patterson

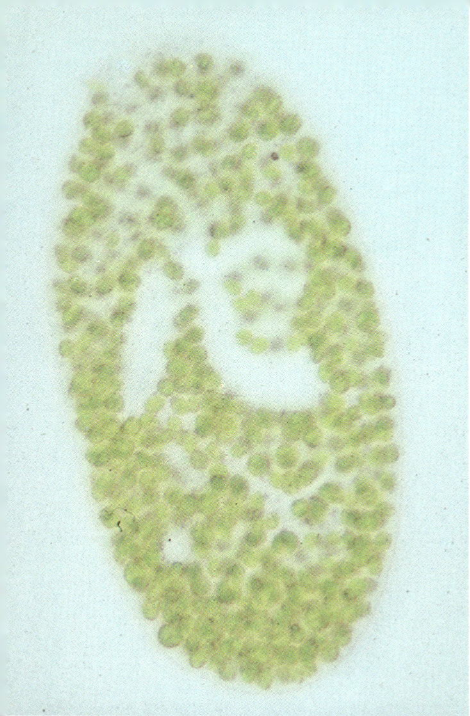
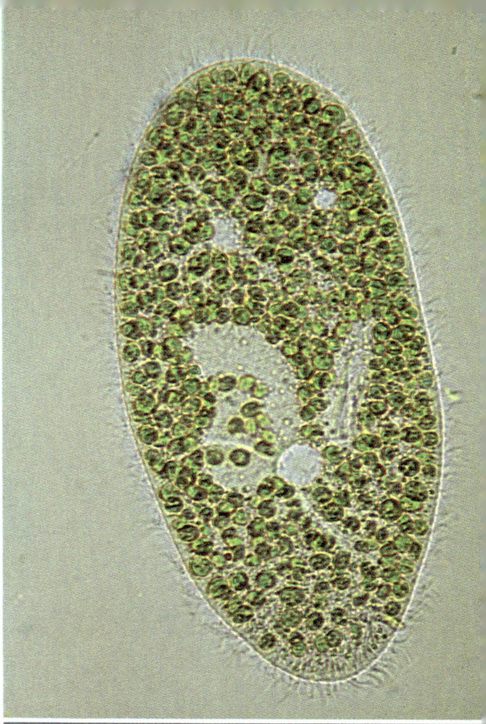
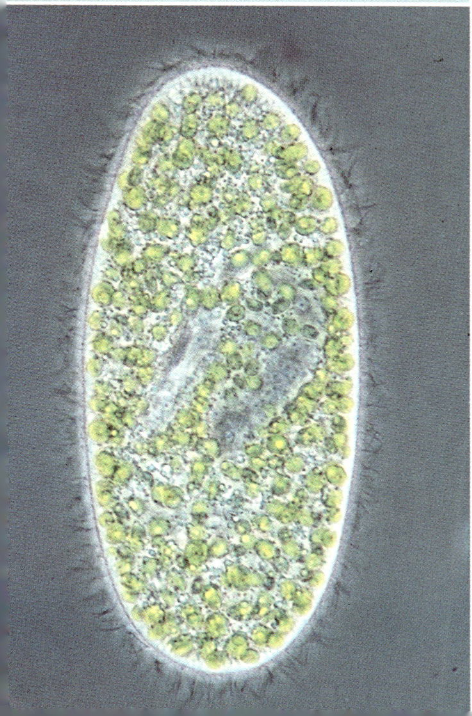
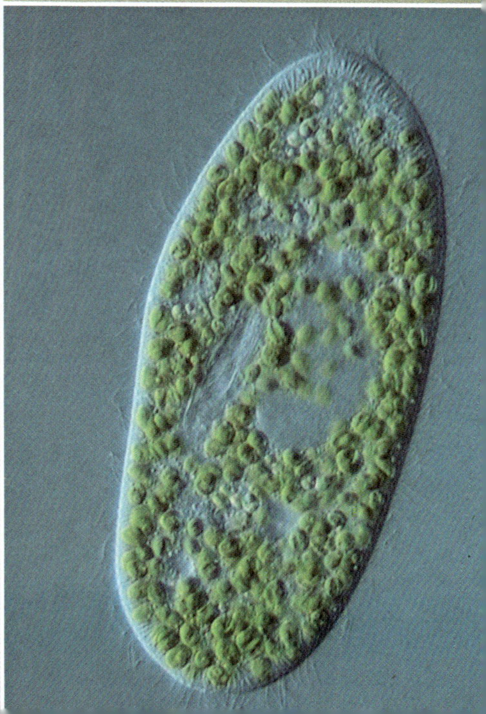

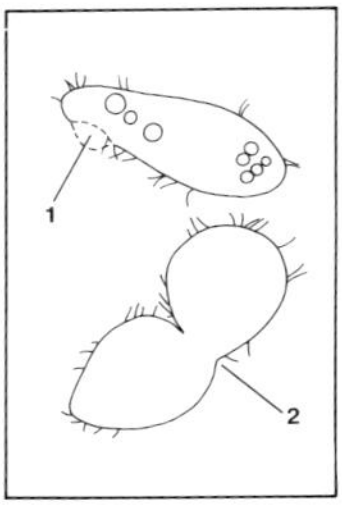

Hymenostome Ciliaten

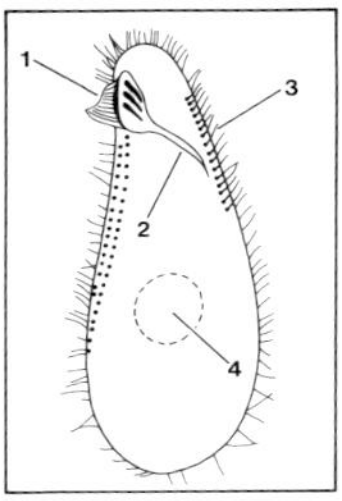

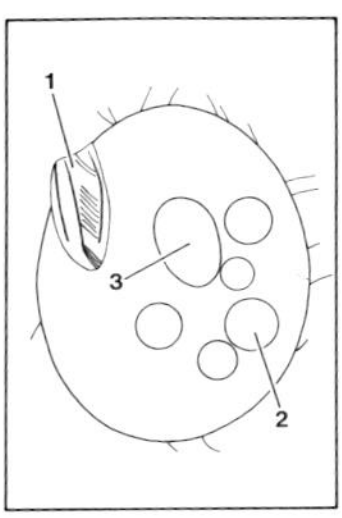

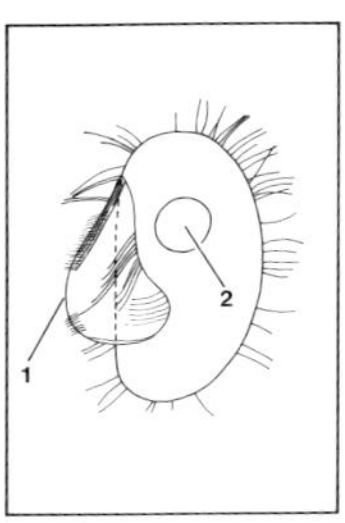

Tetrahymena. Phasenkontrast. Vergr. 475:1 (oben links)
Zu den am intensivsten untersuchten Ciliaten gehört *Tetrahymena*, da man sehr leicht von diesem Ciliaten Massenkulturen anlegen kann, was besonders für biochemische und physiologische Studien notwendig ist. *Tetrahymena* zeigt die typische Organisation der Hymenostomen: eingesenkter Mundapparat mit vier spezialisierten Cilienaggregaten (*1*). In diesem Bild ist neben einer einzelnen Zelle ein Teilungsstadium dargestellt. Die Teilungsebene (*2*) verläuft senkrecht zur Längsachse des Tieres. Aufnahme D. J. Patterson

Tetrahymena. Hellfeld. Vergr. 1000:1 (oben rechts)
Bei diesem Organismus ist eine Färbung vorgenommen worden, die speziell die Anordnung der Cilien zeigt (modifizierte Silberlinien-Imprägnierung). Man erkennt drei verschiedene Cilienblocks sowie eine etwas gekrümmt verlaufende undulierende Membran im Mundapparat (*1*). Eine postorale Fiber (*2*) zieht tief in die Zelle. Weiterhin sieht man die somatischen Cilien (*3*), die in längs ausgerichteten Kineten den Körper bedecken. Der Makronucleus (*4*) ist ebenfalls sichtbar. Mit Hilfe derartiger Färbungen erzielt man zahlreiche Informationen über den Aufbau des Corticalplasmas, die für die Aufdeckung verwandtschaftlicher Beziehungen der Ciliaten untereinander von besonderer Wichtigkeit sind. Aufnahme D. J. Patterson

Glaucoma. Differential-Interferenzkontrast. Vergr. 1400:1 (unten links)
Glaucoma ist ein abgeflachter Ciliat, der zu den tetrahymeniden Formen zählt. Die charakteristischen Cilienaggregate des Mundapparates (*1*) sind gut entwickelt. Mit Hilfe des Mundes werden Bakterien vom Substrat aufgenommen und in Nahrungsvakuolen (*2*) eingeschlossen. Der Makronucleus (*3*) liegt ungefähr in der Mitte der Zelle. Aufnahme D. J. Patterson

Pleuronema. Differential-Interferenzkontrast. Vergr. 750:1 (unten rechts)
Auch in diesem Ciliaten gibt es die vier charakteristischen Cilienaggregate, die zum Mundapparat der Tetrahymeniden gehören. Eines davon – die undulierende Membran – ist aber enorm vergrößert und steht wie ein Segel von einer Seite des Mundes ab (*1*). Durch die Bewegung dieses Segels werden Bakterien in die Mundhöhle gestrudelt. Der Makronucleus (*2*) liegt im unteren Drittel der Zelle. Aufnahme D. J. Patterson

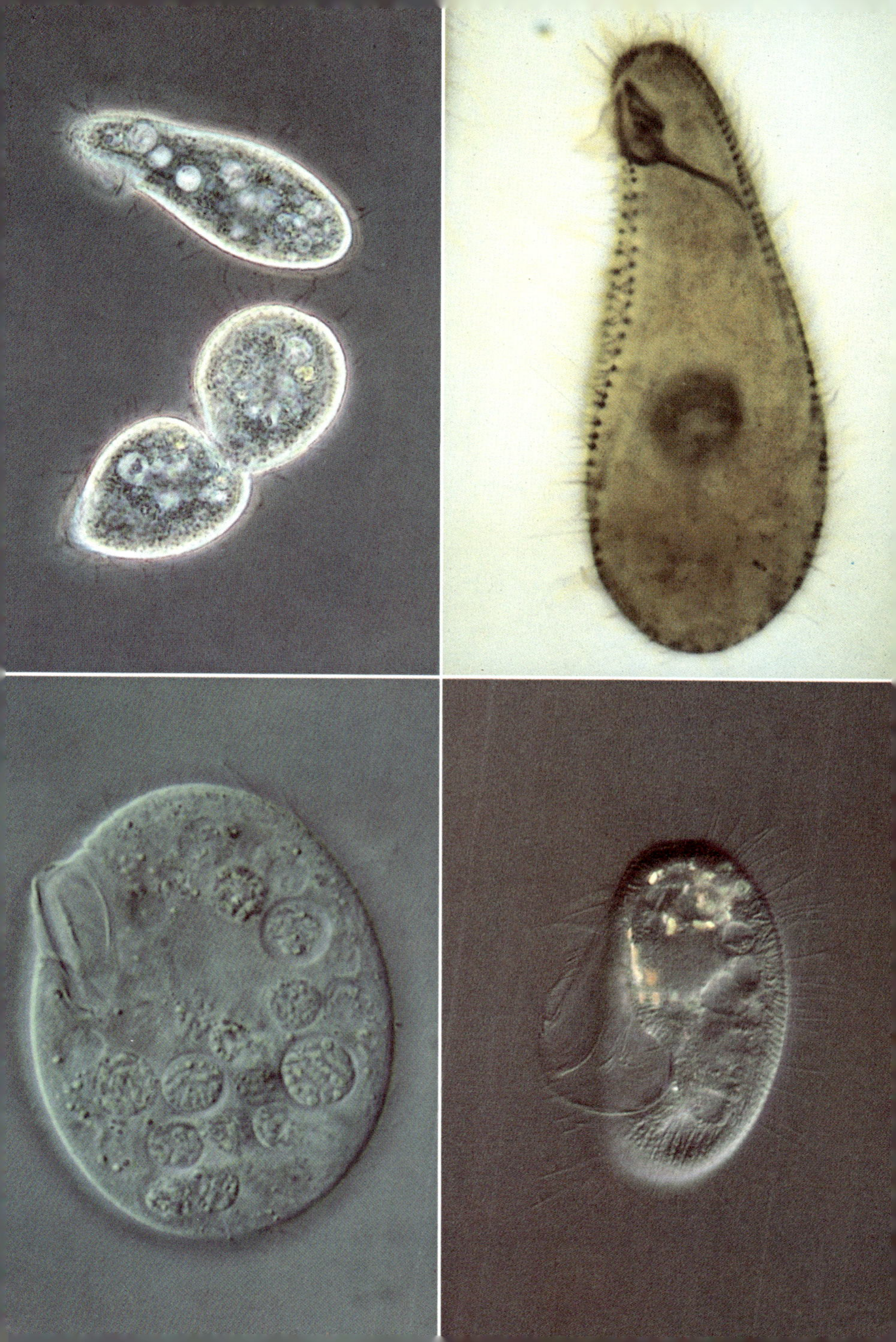

Sessile Ciliaten

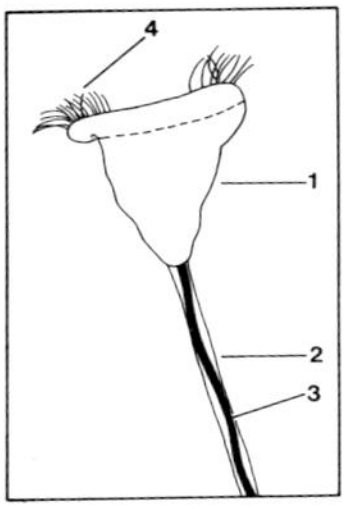

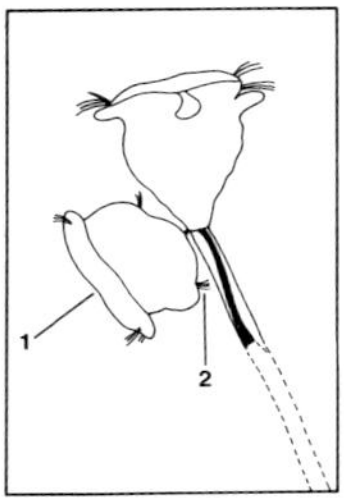

Eine besondere Gruppe stellen die Peritrichen dar. Der größte Teil lebt sessil. Mit einem Stiel sind sie am Substrat festgeheftet. Die Cilien sind auf den Mundapparat beschränkt. Einige wenige Arten sind freibeweglich (in diesem Buch nicht dargestellt). Sie haben zusätzlich zu den Mundcilien einen aboralen Cilienkranz, mit dem sie umherschwimmen können.

Vorticella. Phasenkontrast. Vergr. 500:1 (oben links)
Dieses ist der wahrscheinlich bekannteste peritriche Ciliat. Der Körper (*1*) ist glokkenförmig und sitzt auf einem langen Stiel (*2*). Vom Zellkörper zieht sich weit in den Stiel hinein ein Spasmonem (*3*), mit dessen Hilfe der Stiel kontrahieren kann. Die Cilien des Mundapparats ziehen in einem Ring rings um den oralen Pol des Ciliaten (*4*). So können Nahrungspartikel eingestrudelt werden. Aufnahme D. J. Patterson

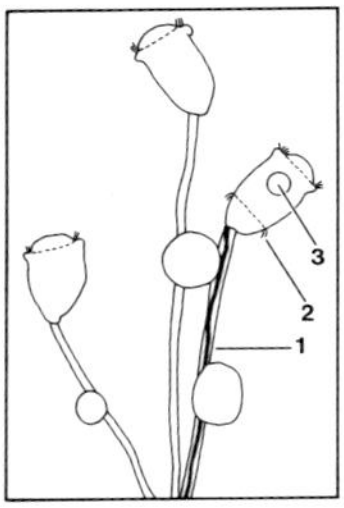

Vorticella. Teilungsstadium. Differential-Interferenzkontrast. Vergr. 250:1 (oben rechts)
Für sessile Ciliaten gibt es bei der Zweiteilung, die bei Ciliaten normalerweise eine Querteilung ist, Probleme. Die meisten sessilen Arten formen freischwimmende Schwärmer. Dies geschieht auch bei *Vorticella.* Hier wird seitlich ein Schwärmer durch Knospung freigesetzt (*1*). Diese Formen haben einen zusätzlichen Cilienring am aboralen Pol (*2*), mit dessen Hilfe sie umherschwimmen, bis sie einen passenden Untergrund finden, auf dem sie sich niederlassen, indem sie den aboralen Cilienkranz resorbieren und einen Stiel ausbilden. Unter sehr ungünstigen Umweltbedingungen können auch adulte Stadien ein aborales Cilienband ausbilden, sich vom Stiel lösen und umherschwimmen, um einen besseren Lebensraum zu suchen. Aufnahme K. Hausmann

Zoothamnium. Differential-Interferenzkontrast. Vergr. 250:1 (unten links)
Vorticella ist ein solitär lebender peritricher Ciliat und bildet, obgleich bisweilen in Gruppen auftretend, keine Kolonien aus. Dies ist aber bei *Zoothamnium* der Fall, bei dem zahlreiche Zellen untereinander verbunden sind und somit eine echte Kolonie darstellen. Die Stiele (*1*) sind alle untereinander verknüpft, so daß bei der Kontraktion einer Zelle die gesamte Kolonie kontrahiert. In dieser Kolonie gibt es einige Formen, die ein aborales Cilienband zeigen (*2*). Die kontraktilen Vakuolen (*3*) sind recht groß, die Zellen erscheinen aufgequollen, beides Hinweise dafür, daß die Organismen durch die Präparation beeinträchtigt sind. Aufnahme M. P. Kage, Schloß Weißenstein

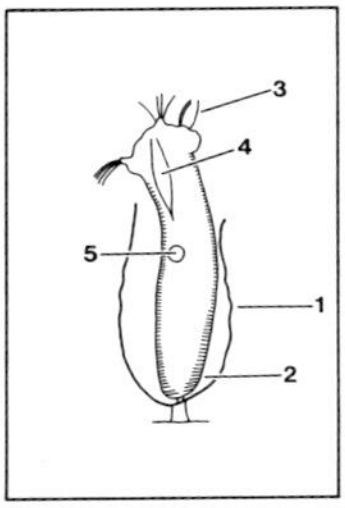

Cothurnia. Differential-Interferenzkontrast. Vergr. 900:1 (unten rechts)
Dieser Ciliat erinnert an *Vorticella*, hat aber keinen Stiel, sondern lebt in einer Lorica (*1*). Dieser Organismus, dessen Oberfläche quergestreift ist (*2*), strudelt mit den adoralen Cilienbändern (*3*) Bakterien heran, die in den Mundapparat (*4*) getrieben werden. Man erkennt auch die kontraktile Vakuole (*5*). Aufnahme D. J. Patterson

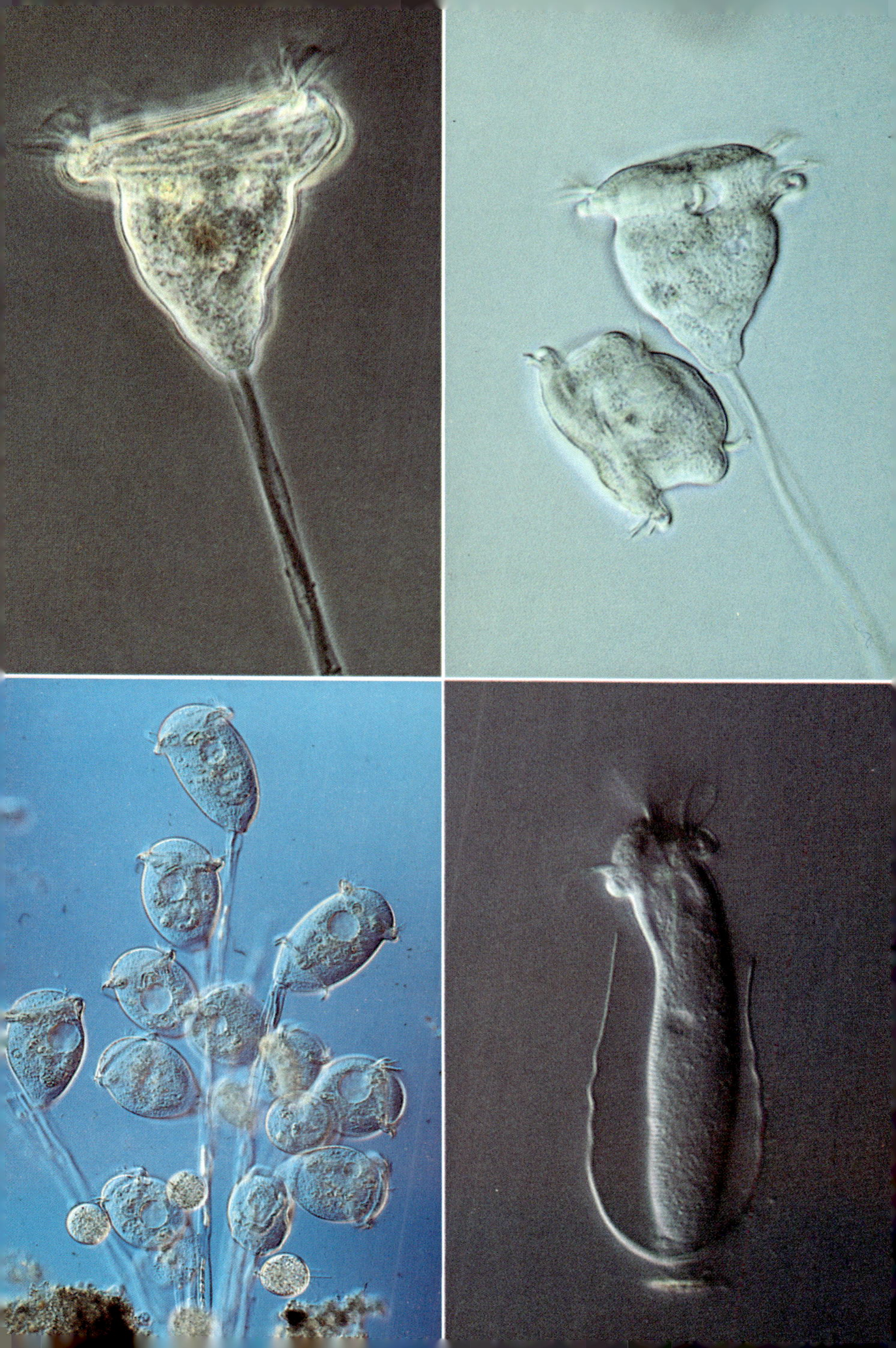

Oligotriche und heterotriche Ciliaten

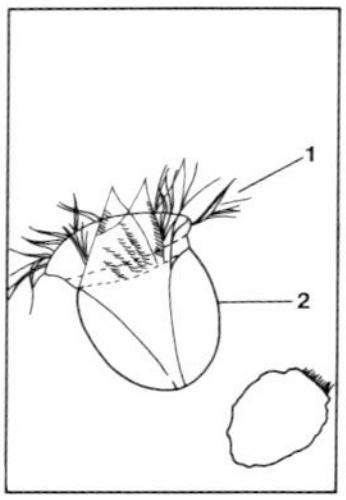

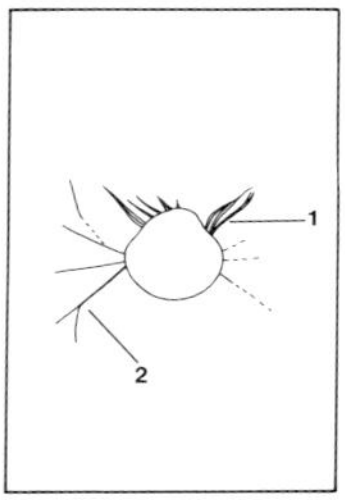

Die meisten Arten dieser Gruppe sind darauf spezialisiert, Nahrung einzustrudeln. Während dies bei den Tetrahymeniden mit Hilfe der erwähnten vier Cilienaggregate geschieht, haben die Spirotricha ein langes Membranellenband, das sich um den vorderen Zellpol herumwinden kann. Hier stellen wir drei Ordnungen vor: Oligotricha, Heterotricha und Hypotricha.

Tintinniden. Differential-Interferenzkontrast. Vergr. 400:1 (oben links)
Tintinniden sind oligotriche Ciliaten. Das sind solche Formen, bei denen die Membranellen nur in der Mundregion zu finden sind (*1*). Sie werden in diesem Fall sowohl für die Nahrungsaufnahme als auch für die Fortbewegung eingesetzt. Tintinniden sind in den Meeren weit verbreitet; sie ernähren sich von planktischen Algen. Die meisten Formen, so auch die hier dargestellte, leben in einer Lorica (*2*). Diese Formen werden hauptsächlich nach der Ausgestaltung der Gehäuse klassifiziert. Aufnahme M. P. Kage, Schloß Weißenstein

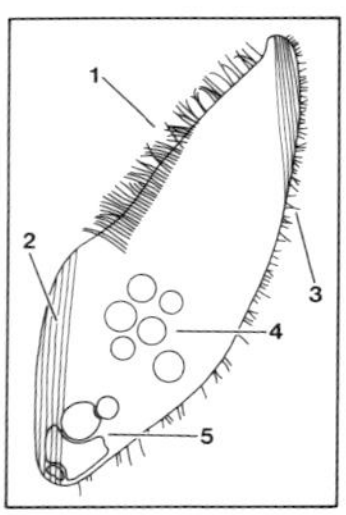

Halteria. Differential-Interferenzkontrast. Vergr. 650:1 (oben rechts)
Halteria ist ein häufiger oligotricher Ciliat des Süßwassers. Um die Mundregion hat er ein adorales Membranellenband (*1*) ausgebildet, das für den Nahrungserwerb eingesetzt wird. Diese Formen sind durch ein auffälliges, plötzliches, anscheinend ungezieltes Umherspringen gekennzeichnet. Diese Art der Fortbewegung wird durch das schnelle Zucken von äquatorial angeordneten Cilienbüscheln (*2*) verursacht. Wegen der unberechenbaren Fortbewegung ist es recht schwierig, derartige Formen genau zu bestimmen. Aufnahme D. J. Patterson

Blepharisma. Differential-Interferenzkontrast. Vergr. 400:1 (unten links)
Die Heterotrichen, zu denen *Blepharisma* zählt, haben ihre Bezeichnung deshalb, weil sie anscheinend zwei verschiedene Arten von Cilien aufweisen (die natürlich in ihrer Feinstruktur identisch sind). Das adorale Membranellenband (*1*), das zum Mund hinführt und somit für die Nahrungsaufnahme eingesetzt wird, besteht aus längeren Cilien als die Kineten (*2*), in denen die somatischen Cilien (*3*) angeordnet sind. Eine membranartige Struktur aus dicht nebeneinanderstehenden, einzelnen Cilien (die in diesem Bild nicht dargestellt ist) verläuft entlang dem adoralen Membranellenband und spielt bei der Nahrungsauswahl eine Rolle. Nahrungsvakuolen (*4*) sowie die kontraktile Vakuole (*5*) am Zellhinterende sind klar auszumachen. Der Ciliat *Blepharisma* ist besonders auffällig, da er rosafarben ist. Die Färbung beruht auf Pigmentgranula, die im Corticalplasma zu finden sind. Aufnahme K. Hausmann

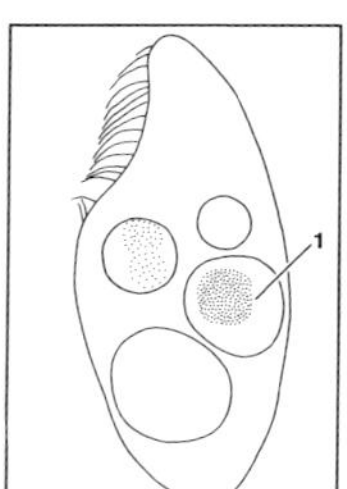

Blepharisma. Phasenkontrast. Vergr. 200:1 (unten rechts)
Bei diesem Individuum handelt es sich um einen Giganten. Derartige übergroße Formen entstehen bei Ciliaten bisweilen in normal wachsenden Kulturen. Nicht selten sind derartige Giganten gleichzeitig auch Kannibalen, die ihresgleichen auffressen. Der hier gezeigte *Blepharisma*-Gigant hat mindestens drei seiner Artgenossen aufgefressen, wie an den deutlich rot gefärbten Nahrungsvakuolen (*1*) zu erkennen ist. Aufnahme D. J. Patterson

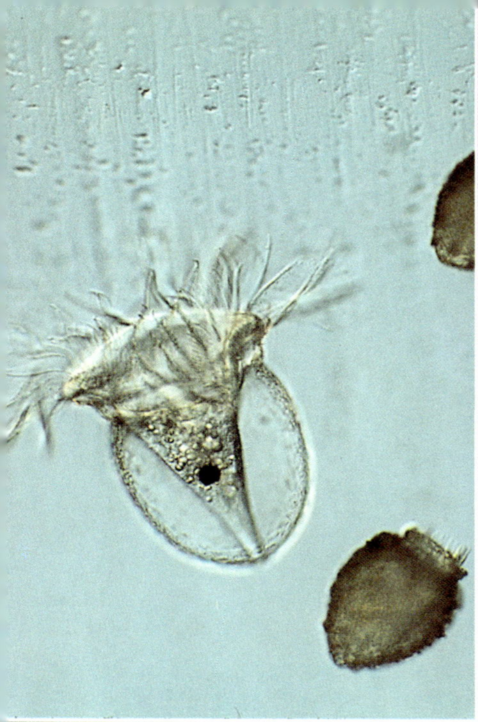
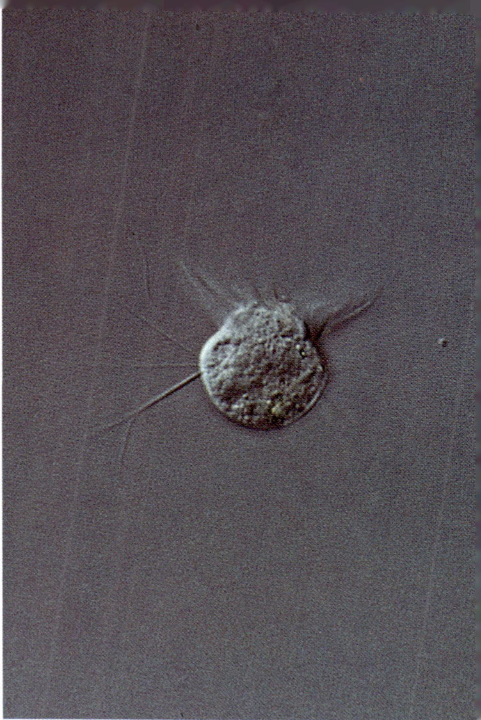
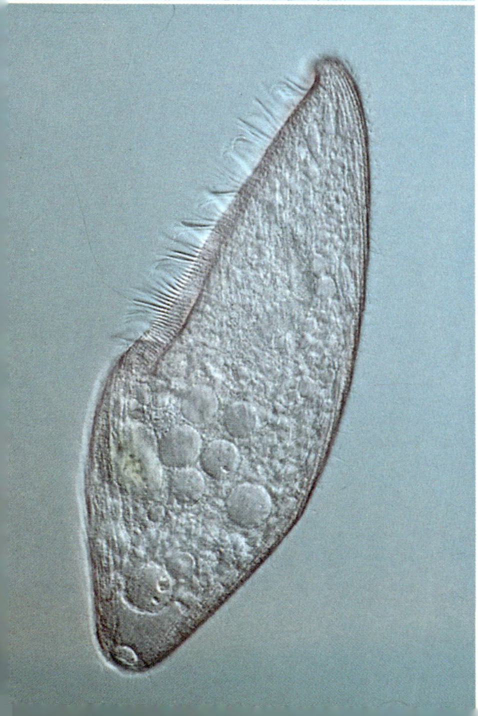
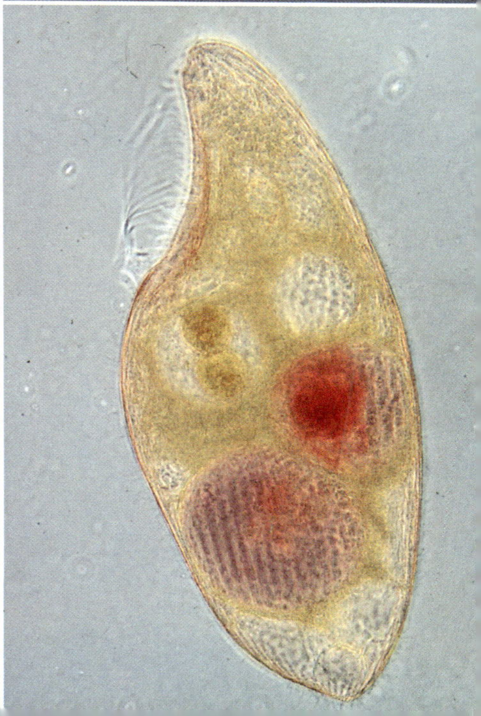

Heterotriche Ciliaten

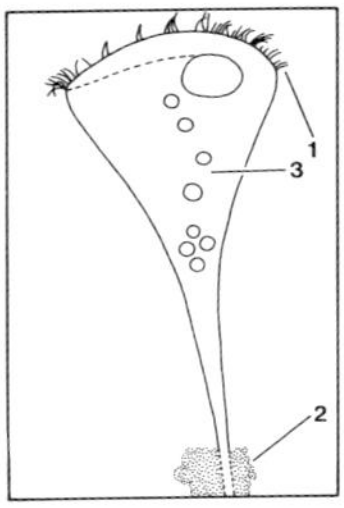

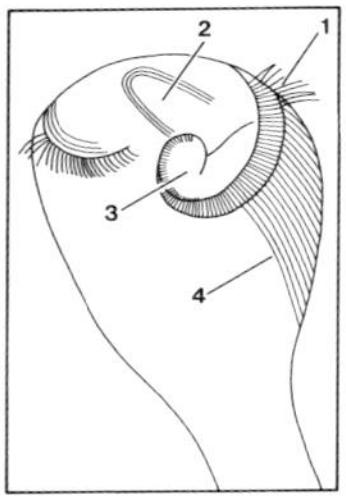

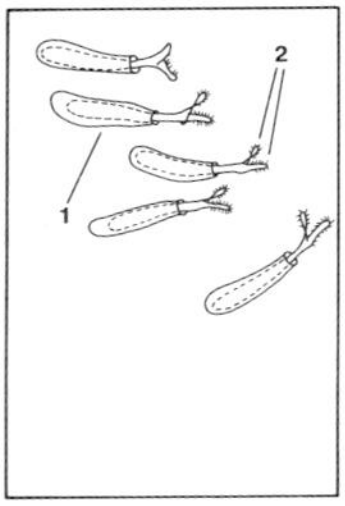

Stentor. Hellfeld. Vergr. 80:1 (oben links)
Einige der größten Ciliaten – größer als 1 Millimeter – gehören zu den Heterotrichen. Die Gattung *Stentor,* die zu diesen Formen zählt, umfaßt transparente, rote, grüne und blaue Arten. Das adorale Membranellenband (*1*) bildet eine Spirale um den apikalen Zellpol, die schließlich in den Mundapparat einmündet. Diese Formen heften sich oft mit einem schleimigen Material (*2*) am Substrat fest, können sich aber recht leicht lösen und wieder umherschwimmen. Wie viele andere große Ciliaten sind auch diese Arten sehr kontraktil. Diese Form hat einen perlschnurartigen Makronucleus (*3*). Aufnahme D. J. Patterson

Stentor. Differential-Interferenzkontrast. Vergr. 200:1 (oben rechts)
In einer stärkeren Vergrößerung des Vorderendes von *Stentor* erkennt man deutlich den spiraligen Verlauf des adoralen Membranellenbandes (*1*), durch das Nahrungspartikel herangestrudelt werden. Das Frontalfeld (*2*) mag dabei behilflich sein, die Nahrungspartikel in die Mundöffnung (*3*) zu leiten. Die sonstige Zelloberfläche erscheint durch die Kineten (*4*) gestreift. Aufnahme D. J. Patterson

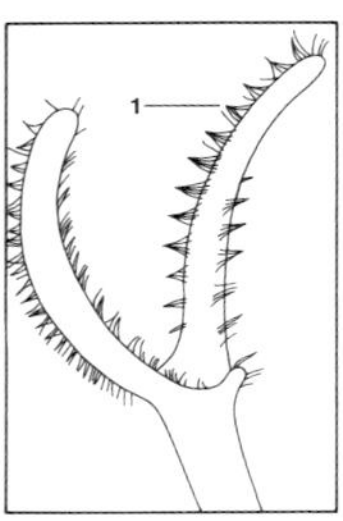

Eufolliculina. Differential-Interferenzkontrast. Vergr. 170:1 (unten links)
Folliculiniden sind große marine Heterotriche, die in einer Lorica (*1*) leben und einen recht komplexen Lebenszyklus aufweisen. Zwei große Peristomflügel (*2*), mit deren Hilfe die Nahrung eingestrudelt wird, ragen aus dem Gehäuse heraus. Aufnahme M. Mulisch, Heidelberg

Eufolliculina. Differential-Interferenzkontrast. Vergr. 400:1 (unten rechts)
Diese stärkere Vergrößerung zeigt klar das kräftig ausgebildete Membranellenband (*1*), das sich an den Rändern der Peristomflügel entlangzieht und zur Mundregion hinführt. Aufnahme M. Mulisch, Heidelberg

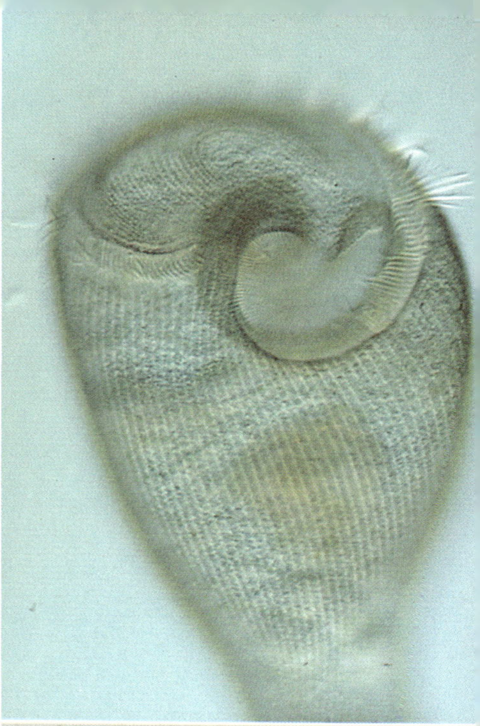
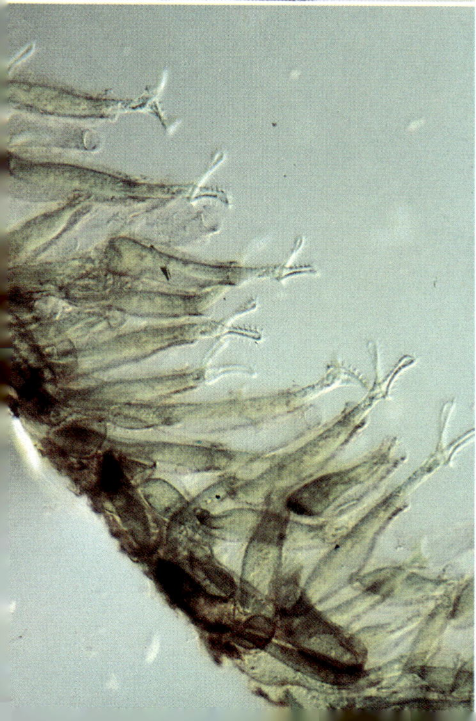

Heterotriche Ciliaten

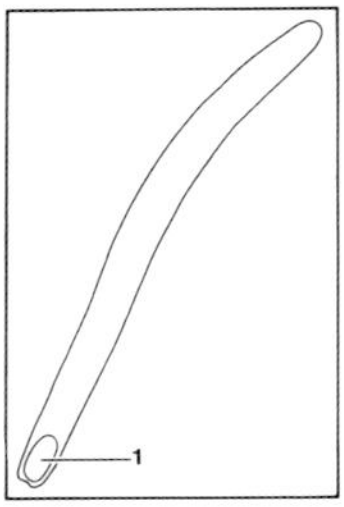

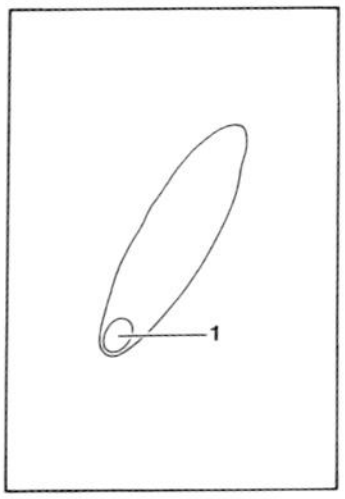

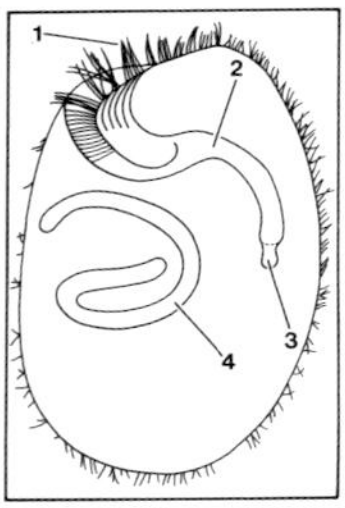

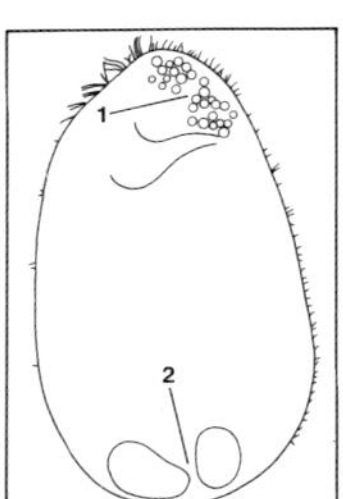

Spirostomum. Hellfeld. Vergr. 100:1 (oben links)
Einer der größten freilebenden, aktiv umherschwimmenden Ciliaten ist *Spirostomum ambiguum*. Man sollte allerdings nicht vergessen, daß selbst diese großen Wimpertiere vielleicht nur ein Zehntel der Körpergröße erreichen, die für bestimmte Foraminiferen- und Radiolarien-Arten charakteristisch sind. Man kann das Hinterende von *Spirostomum* an Hand der kontraktilen Vakuole (*1*) leicht erkennen. Das adorale Membranellenband (auf diesem Bild nicht zu erkennen) verläuft an der Seite des Tieres. Aufnahme D. J. Patterson

Spirostomum. Hellfeld. Vergr. 100:1 (oben rechts)
Wie die meisten großen Ciliaten ist *Spirostomum* außerordentlich kontraktil. In diesem Bild ist bei gleicher Vergrößerung der Ciliat in kontrahiertem Zustand gezeigt, der im vorhergehenden Bild ausgestreckt dargestellt ist (vergleiche die kontraktile Vakuole (*1*). Möglicherweise bietet die recht schnell folgende Kontraktion einen Schutz gegen Gefressenwerden. Aufnahme D. J. Patterson

Climacostomum. Differential-Interferenzkontrast. Vergr. 450:1 (unten links)
Auch dieser heterotriche Ciliat ist relativ groß, aber kaum kontraktil. Er hat einen besonders kompliziert aufgebauten Mundapparat. Die Nahrung wird durch ein adorales Membranellenband (*1*) zur Mundhöhle herangestrudelt und von hier durch einen Buccaltubus (*2*), der auch mit Cilien ausgekleidet ist, weitertransportiert. Am Ende dieser Röhre werden Nahrungsvakuolen abgeschnürt (*3*). Der Makronucleus (*4*) hat eine schlauchförmige Gestalt. Aufnahme K. Hausmann

Climacostomum. Differential-Interferenzkontrast. Vergr. 500:1 (unten rechts)
Der volle wissenschaftliche Name dieses Ciliaten, der übrigens die gleiche Art wie im Bild unten links darstellt, ist *Climacostomum virens*. Dieses deutet auf eine Grünfärbung hin. In freier Natur sind diese Einzeller tatsächlich etwas grünlich gefärbt. Dies beruht auf symbiontischen Grünalgen. Unter Laborbedingungen kann man durch Lichtabschluß die farblose Form, wie sie im vorhergehenden Bild gezeigt ist, kultivieren. Bei entsprechender Beleuchtung kann man allerdings auch stark grüngefärbte Kulturen heranziehen. Diese Tiere zeigen genau die gleiche Struktur wie die farblosen, weisen nur zahlreiche Symbionten (*1*) im Cytoplasma auf. Derartige Ciliaten können unter Normalbedingungen mit Hilfe ihres Mundapparates auch noch partikuläre Nahrung aufnehmen. Bei optimaler Beleuchtung kommen sie aber auch ohne jede zusätzliche Nahrung aus. In diesem Bild erkennt man im Zellhinterende die kontraktile Vakuole (*2*). Aufnahme K. Hausmann

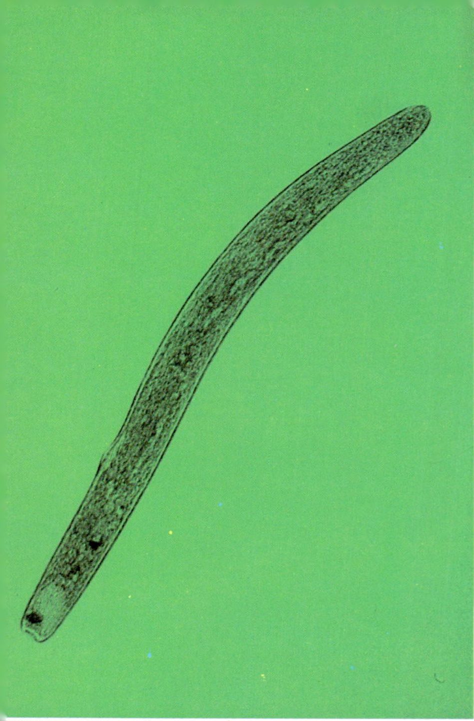
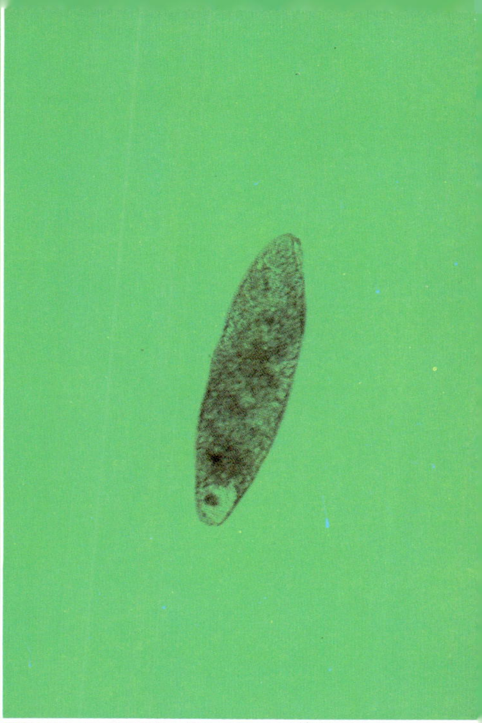
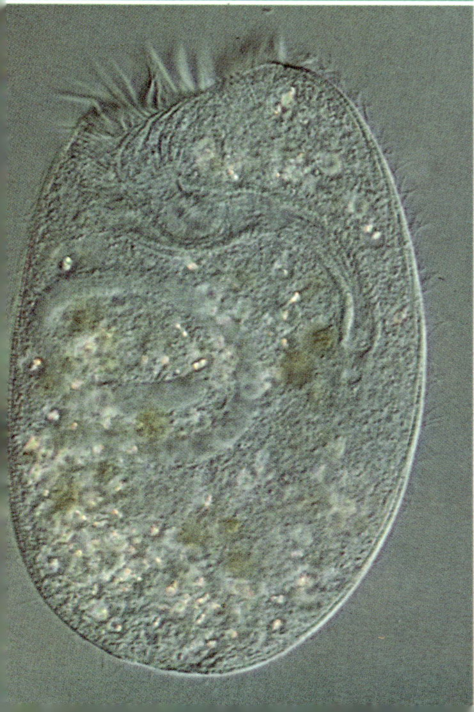
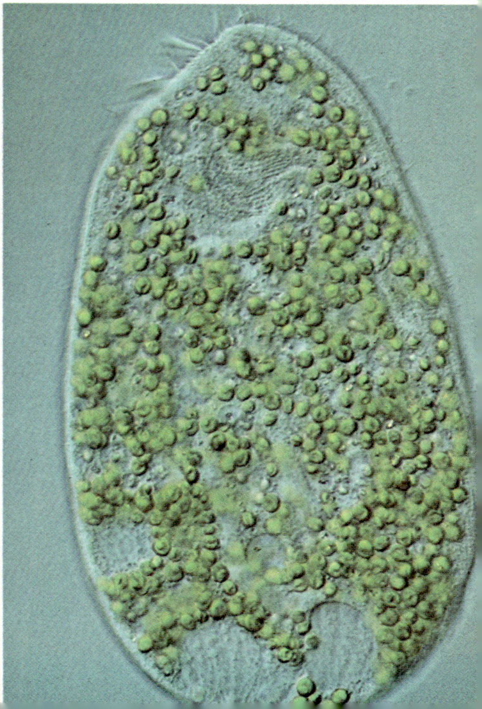

Hypotriche Ciliaten

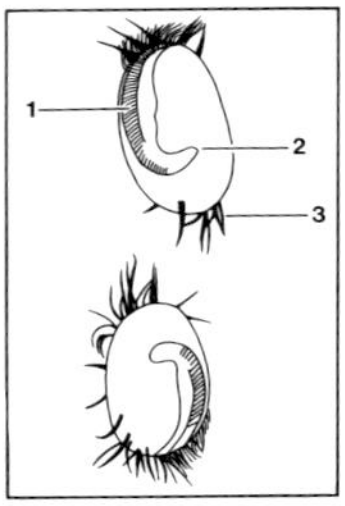

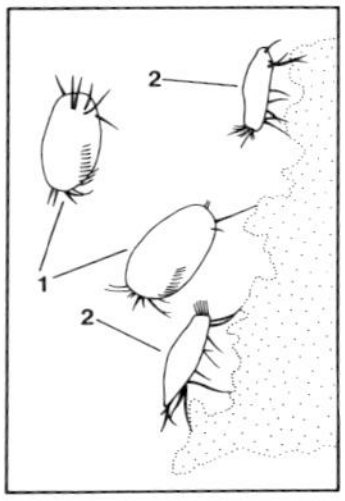

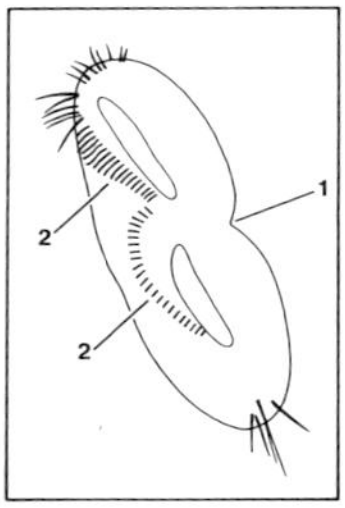

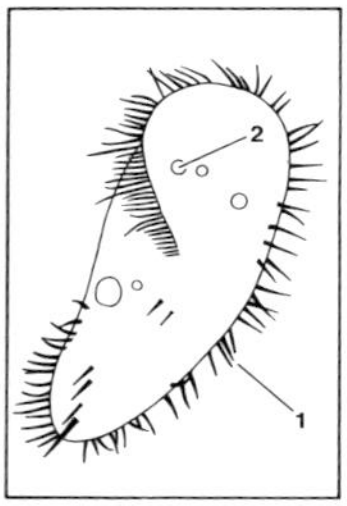

Die hypotrichen Ciliaten (= die auf der Unterseite bewimperten) haben ihren Namen daher, weil sie auf der Ventralseite kräftig ausgebildete Cirren (= Bündel von Cilien) besitzen. Mit Hilfe der Cirren können sie sich sozusagen laufend fortbewegen. Andererseits sind sie aber auch zum freien Umherschwimmen befähigt.

Euplotes. Differential-Interferenzkontrast. Vergr. 350:1 (oben links)
Euplotes ist ein weit verbreiteter Hypotricher, der ein Membranellenband (*1*) besitzt, das am Zellvorderpol beginnt und sich zur Mundregion (*2*) erstreckt. Die Cirren (*3*) treten ebenfalls gut in Erscheinung. Aufnahme K. Hausmann

Euplotes. Differential-Interferenzkontrast. Vergr. 300:1 (oben rechts)
Hier ist eine Gruppe von vier Euplotiden dargestellt. Zwei erkennt man in Aufsicht (*1*), wohingegen die beiden anderen in Seitenansicht (*2*) zu sehen sind. Bei diesen Organismen wird besonders klar, wie die Tiere auf dem Substrat mit Hilfe der Cirren „umherlaufen". Aufnahme D. J. Patterson

Euplotes. Differential-Interferenzkontrast. Vergr. 470:1 (unten links)
Diese Zelle befindet sich in Teilung. Die Teilungsebene (*1*) verläuft senkrecht zur Körperlängsachse. Beide Hälften besitzen bereits ein adorales Membranellenband (*2*). Aufnahme K. Hausmann

Stylonychia. Differential-Interferenzkontrast. Vergr. 600:1 (unten rechts)
Dieser Hypotriche unterscheidet sich dadurch von *Euplotes,* daß er viel mehr Cirren (*1*) besitzt, die nahezu ein durchgehendes Band ausbilden. Einige besonders kräftige Cirren befinden sich am Zellhinterende. Dieser Ciliat hat, wie man an den Nahrungsvakuolen (*2*) sieht, Algen gefressen. Aufnahme D. J. Patterson

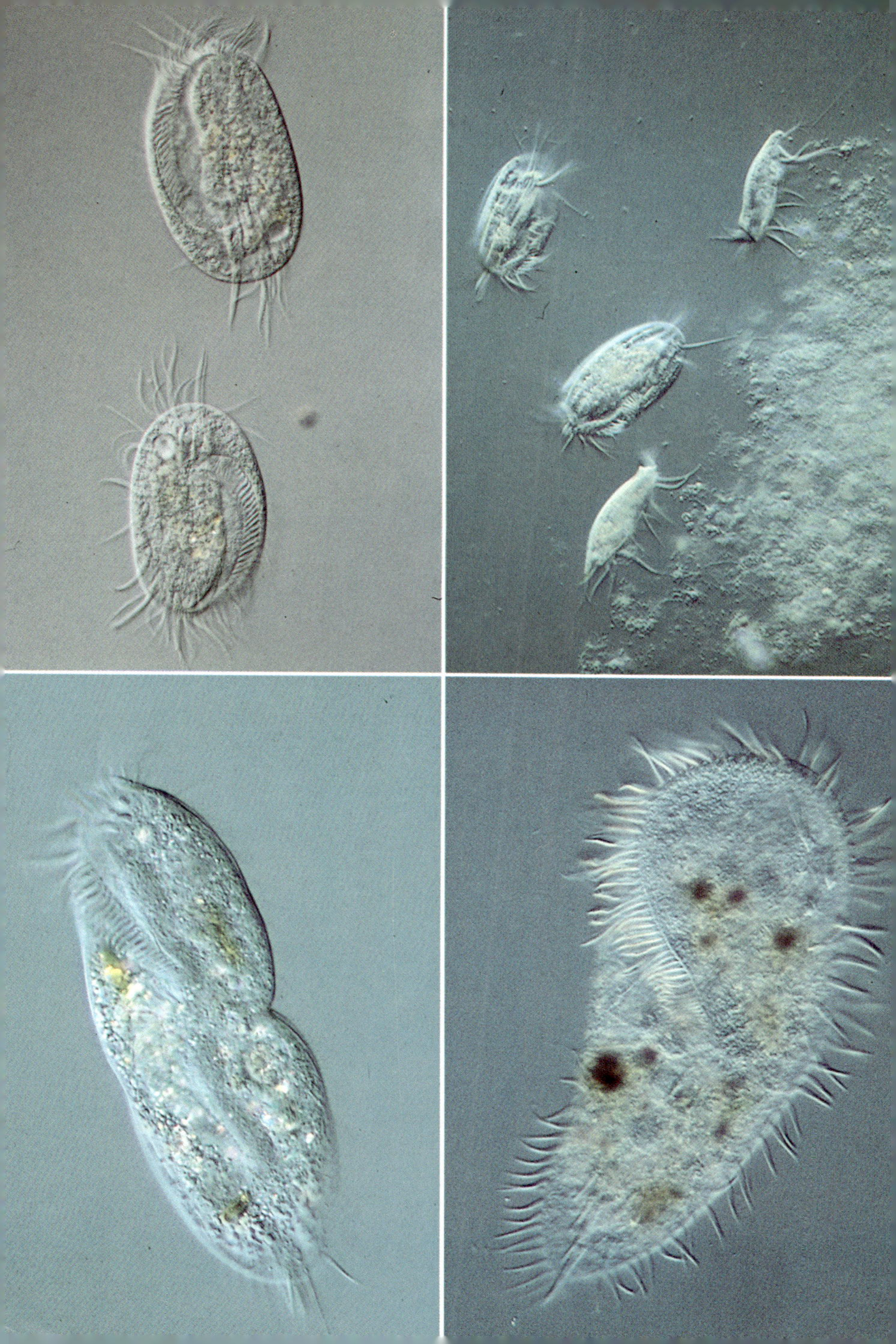

Arten- und Sachregister